情感软暴力

「推开心理咨询室的门」编写组 编著

中国纺织出版社有限公司

内 容 提 要

我们每个人都有可能被身边的家人、朋友、同事以爱的名义操控，这就是情感软暴力。长期处于情感软暴力下，我们会感到屈辱，会一再忍让，甚至会失去基本的自我人格。因此，我们要了解情感软暴力的手段、工具，施暴者和受害者的心理，以及学习如何走出情感软暴力的困局，这对于提升我们的自我价值感、自信，维系良性的人际关系有着重要的作用。

本书从心理学角度出发，通过引用丰富的案例，从多角度分析情感软暴力的种种表现，告诉我们是怎样一步步被身边的人"利用"而不自知的，并提出行之有效的应对方法，帮助我们摆脱情感软暴力，学会施爱和被爱，从而更好地处理亲密关系、改善人际交往。

图书在版编目（CIP）数据

情感软暴力 / "推开心理咨询室的门"编写组编著. -- 北京：中国纺织出版社有限公司，2024.6
ISBN 978-7-5229-1676-7

Ⅰ．①情… Ⅱ．①推… Ⅲ．①情感—通俗读物 Ⅳ．①B842.6-49

中国国家版本馆CIP数据核字（2024）第076015号

责任编辑：张祎程　　责任校对：高　涵　　责任印制：储志伟

中国纺织出版社有限公司出版发行
地址：北京市朝阳区百子湾东里A407号楼　邮政编码：100124
销售电话：010—67004422　传真：010—87155801
http://www.c-textilep.com
中国纺织出版社天猫旗舰店
官方微博 http://weibo.com/2119887771
天津千鹤文化传播有限公司印刷　各地新华书店经销
2024年6月第1版第1次印刷
开本：889×1230　1/32　印张：6.75
字数：115千字　定价：49.80元

凡购本书，如有缺页、倒页、脱页，由本社图书营销中心调换

前言
PREFACE

生活中的你,不知道是否对以下这些表达很熟悉:

"我是你妈,我会害你吗?我这都是为你好!"

"我们不是朋友吗,这点儿忙都不帮,太小气了!"

"你这样做,对得起我吗?"

"我只是想让你给我买件衣服,你都不愿意,你根本就不爱我。"

"我辛辛苦苦为你付出这么多,这点儿小事你还不答应?"

"我是老板,你得听我的,不愿意加班就别干了!"

……

当身边的人利用你的恐惧、责任感和愧疚心理操纵你的生活,你是否觉得掉入了情感的陷阱,被左右摆布,进退两难?是否总感觉委屈、屈辱?这些利用感情和利益关系施加软暴力给你的人,在你的生活中不断出现,他们可能是你的爱人、父母、上司或同事、你最亲近的朋友。

这导致了很多人际关系噩梦——情感软暴力。

那么,什么是情感软暴力呢?

情感软暴力

"情感软暴力"这一概念由心理学家苏珊·福沃德提出，是指一方通过情感胁迫，要求或诱惑他人做出违背自身意愿的行为。这种行为可能表现为言语威胁、辱骂、控制财产或性自由、跟踪、限制人身自由、监视，以及其他各种形式。这种行为被认为是一种违背他人意愿的强迫行为。

最在乎的人，对我们的杀伤力最大。因为互相知根知底，就算并非有意，也清楚怎样利用彼此心理和情感上的弱点来达到目的。

情感软暴力的世界是很令人困扰的。有些施暴者的意图显而易见，比如直接威胁——你要是敢和我离婚，我就不让你看孩子；你要是继续那样不听我的话，我们就分手。总之，你越是在乎什么，他就越拿什么威胁你。

还有一些不那么容易看清楚，总是打着为你好的名义，达成他的目的。其实，真正受益者是他自己。比如，"你想想看，这样做对你没一点儿好处，我怎么会害你呢"。

情感软暴力并不可怕，可怕的是你从来没想过去面对它，而是任它继续伤害你，让你的人际关系变得越来越紧张。心理学家苏珊·福沃德曾说："情感软暴力最令人难受的一点是，它毁灭了我们之间的信任，让我们无法表达出真正的自己，只能与施暴者建立一种浮于表面的关系。"不过，更多的人明知被绑架，也无法逃脱深渊。因此，我们只有告别情感绑架，才能掌握自己人生的主动权!

当然,我们了解和学习情感软暴力,并不是为了将施暴者钉在耻辱柱上,也不是为了对抗他们。事实上,很多情况下,连他们自己都不曾意识到他们的言语和行为对你构成了施暴,这就更需要我们主动破局。

那么,如何做才不会陷入情感软暴力呢?这就是我们在本书中要探讨的全部内容。

本书是一本大众心理学书籍,它围绕当下的一个热门词汇——情感软暴力展开,带领我们识别和了解情感软暴力,分析情感施暴者和受害者的心理、价值观与自我意识,引导我们走出操控与被操控的困局。本书逻辑严谨、内容充实且简单易读,相信能对广大读者有所帮助。

编著者

2023年12月

目录
CONTENTS

第1章 了解情感软暴力，警惕你身边的隐形绑架 ▶ 001

- 002 — 什么是情感软暴力
- 006 — 情感施暴者的四种形态
- 011 — 情感软暴力的六大特征
- 015 — 我们为什么会遭受情感软暴力
- 018 — 为什么最亲近的人伤我最深
- 022 — "道德感"越强，你越有可能被别人"精神控制"

第2章 识别情感软暴力的表现形式，这些现象表明你被"敲诈"了 ▶ 029

- 030 — 亲密关系中，情感软暴力常见的十个表现
- 034 — 小心，也许你的恋人正在对你进行情感软暴力
- 040 — 亲子教育中，家长要警惕这些"为你好"行为
- 045 — 小心父母以"孝顺"为借口的情感软暴力

 情感软暴力

| 050 | - | 职场你总是在"帮忙",小心你可能遇到了同事的情感软暴力 |
| 054 | - | 这些迹象表明,你可能受到了领导的情感软暴力 |

深挖情感软暴力的套路,看看他是如何用爱操控你的 ▶ 059

060	-	FOG:情感施暴者的工具
066	-	情感施暴者常用的四种套路
072	-	所有的情感软暴力都是由界限感模糊引起的
076	-	同情心泛滥,容易遭受情感软暴力
080	-	威胁孩子,是利用孩子的恐惧心理进行情感软暴力
084	-	你看看人家——消极比较是亲子教育的大忌
088	-	校园排挤,是一种情感软暴力现象

洞悉施暴者的心理:错误的"绑架逻辑"是如何形成的 ▶ 093

094	-	被拒绝=不被爱和不值得被爱
098	-	缺爱的人,更容易对他人进行情感软暴力
103	-	有控制欲的父母总是"以错误的逻辑"绑架孩子
108	-	为什么我会朝自己爱的人丢石子、打钉子

112	-	修复童年创伤，安慰内心受伤的小孩
117	-	没有得到无条件的爱，就会过度索取爱

第5章 了解受害者的价值观："不"为什么如此难以开口 ▶ 121

122	-	缺乏安全感，总是过度依赖他人
127	-	缺乏自我认同感，就会努力想要获得他人的认同
132	-	害怕被人负面评价，就会焦虑不安
136	-	太在意别人的看法而不自觉地讨好别人
139	-	有过被父母抛弃的恐惧，往往缺乏自信
143	-	听话才会被爱，源自儿时的恐惧

第6章 认识情感软暴力的危害：心理能量的流失让你逐步失去自我 ▶ 149

150	-	长期受到情感软暴力对人有什么伤害
154	-	情感软暴力让爱变质
158	-	压抑你的感受，很可能会导致心理变态
161	-	不自知的情感软暴力会有哪些危害
166	-	情感软暴力对于良性人际关系是致命的
170	-	主动给予安全感，让爱人感到你是可以停靠的港湾

情感软暴力

第7章 走出情感软暴力的困局，做自己人生的主人　　▶ 175

176 - 如何摆脱情感软暴力
182 - 两条路径帮助你走出情感软暴力的困局
186 - 你不好意思拒绝，容易被人当成"软柿子"
190 - 所有的改变，来自"拒绝"二字
194 - 好人缘，不一定要做"好好先生"
198 - 不要总是渴求得到他人的认可和赞许
200 - 过分的请求，要果断拒绝

205 - 参考文献

第1章

了解情感软暴力，警惕你身边的隐形绑架

所谓情感软暴力，往往通过打压自我价值感、增强罪恶感等方式，让对方产生挫败、亏欠、恐惧等负面情绪。被施暴方为了摆脱这些情绪，会不自觉地妥协，按对方的要求去办。在情感软暴力下，人们看似避免了冲突和对立、获得了比较安全和平和的人际关系，但实际上，这种人际关系是建立在牺牲一方的基础上的，是不健康的。那么，我们该如何发现和警惕身边出现的这种隐形绑架呢？带着这一问题，我们来看看本章的内容。

 情感软暴力

什么是情感软暴力

生活中的你，有没有经历过以下这些场景：

朋友找你借钱，你囊中羞涩，并不打算借钱，但是对方却说："这点儿小忙你都不愿意帮我，你还是我朋友吗？"你感到无可奈何。父母长辈催你赶紧恋爱结婚，你并不想，父母就开始语言轰炸你："你不结婚，对得起我们吗？"恋爱中，你的对象占有欲特别强，经常说："这点儿要求你都不答应我，你根本就不爱我。"……

这样的开场白耳熟吗？别以为这只是简单的口头禅，其实背后隐藏着一个严重的问题：情感软暴力。那么，什么是情感软暴力呢？

有句话叫作"最爱的人伤我最深"。有些时候，我们最关心、最深爱、交往最频繁的人，对我们的杀伤力最大，他们可以轻而易举地对我们进行"情感软暴力"。因为最了解我们的弱点，所以他们能轻松"拿捏"我们，以达成自己的目的。

"情感软暴力"这一概念由心理学家苏珊·福沃德提出，是指关系中的某一方利用另一方的恐惧感、责任感、罪恶感，

第 1 章
了解情感软暴力，警惕你身边的隐形绑架

来试图控制对方的行为，从而满足他自己的需求。

如果发现对方很难或者不愿意被控制，他们就会进一步施压甚至威胁，以此让对方屈服。而且为了强化这一效果，他们还会随时随地重复这一过程，受害者犹如温水中的青蛙，直到最后一刻才有所察觉，但此时已经无法摆脱了。

情感软暴力往往发生在与我们比较亲密的人当中，比如，父母用爱的感情牌来要求孩子实现他们的期待；伴侣用他的付出与爱作为条件来期待你回馈对等甚至更多的付出；朋友用关系要求你满足他的需求等。

施暴者把他们对我们的要求转换成了我们应尽的责任，这是一种偷梁换柱的做法。

施暴者利用对方错误的内疚来控制对方，例如，你打电话给女朋友说你要加班不能回家吃饭，女朋友表示不开心，你意识到她的不开心，她说是你造成的，你认为自己要为此负责。

此时，错误的内疚出现了，加班不是你自己能控制的，那她生气为什么是你造成的呢？但是施暴者就会利用这一点，可能会就此让你买个礼物向她赔礼道歉，并且是十分贵重的礼物。

与普通的冲突不同，情感软暴力一般会出现6个特点：要求、拒绝、施压、威胁、屈服、重启。在这6个特点里，感受到被施压和威胁，你就能分辨出是否在被对方进行情感软暴力。

003

 情感软暴力

比如,"如果你不这样做,你的生活将不会好过""如果你不顺从对方,他便威胁你断绝往来"等。这些沟通方法都表明你可能受到了威胁与压迫。

情感软暴力是一种操纵方式,也就是有人利用你的情感、情绪来控制你的行为或者希望你接纳他们的想法。他们不会隐瞒你什么,但是善于操控你的情绪,并且,情感操控多发生于亲密的关系中,比如,亲密关系、亲子关系等。

以下是情感软暴力的具体表现:

1.提出不合理的要求

比如,你的恋人这样告诉你:"我认为你不应该再和xx一起出去玩了。"或者当你和那个朋友在一起,他会不高兴,或者出言讽刺,或者保持沉默。当你问他怎么了的时候,他会说:"我不喜欢某某看你的方式。我不认为和某某交朋友对你有好处。"虽然这也是一种关心,但很明显,他这是在试图控制你选择友谊的权利。

2.向你施加压力

情感施暴者可能会通过几种不同的方法向你施加压力,以满足他们的需求,包括以一种让他们看起来不错的方式重复他们的要求。例如,他们会说,我只是在考虑我们的未来。如果你不按照他的要求去做,他就会不断列举出你不这样做的后果。比如,一些人在恋爱中会说"如果你真的爱我,你就会这

第 1 章
了解情感软暴力，警惕你身边的隐形绑架

样做……"另外，他们还喜欢批评和贬低伴侣。

3.直接或间接威胁你

情感软暴力可能涉及直接或间接威胁。直接威胁如"如果你今晚非要和你的朋友出去玩，你回来就看不到我了"。而间接威胁如"如果今晚你不陪我，会有人陪我的"。他们也可能将威胁掩饰成一种承诺："如果你今晚待在家里，我们会比你出去过得更好，能让我们的关系更亲密。"

这虽然看起来似乎不是什么威胁，但其实他们仍在试图操纵你。他们虽然没有明确说明你拒绝的后果，但在暗示你的反对将损害你们的关系。

任何人，只要屈服于情感软暴力，就代表着妥协。你如果答应了自己内心并不是很乐意去做的要求，就会损害你对自己的自我认知，会让自己失望，甚至失去自信、丧失自我。因此，任何人都要识别情感软暴力，并从他人的情感软暴力中挣脱出来，唯有如此，我们才有可能做自己的主人，也才能经营出健康、和谐的人际关系。

 情感软暴力

情感施暴者的四种形态

"如果你非要跟那个小子在一起,我们就断绝父女关系。"

"今天你要走,以后就永远别踏进家门。"

"别离开我,要不然我会活不下去。"

这样的对话时常出现在我们的生活中,让我们觉得不舒服,却又不得不屈服,事后想想又很生气,仿佛自己的人生被别人操控了。这些司空见惯的语言,其实是一种"情感施暴"。

情感施暴是控制行动中一种最有力的形式,它会以不同的面貌出现,最基本的就是威胁、恐吓。如"你若不能按时完成作业,这个月的零花钱将取消"。

情感软暴力更能深切击中我们内心,因为情感施暴者通常是我们身边的亲人、朋友和同事。他们知道我们的弱点,也知道我们心底深处的秘密。当我们不顺从他们,使之无法达成某些目的时,他们就会利用这层亲密关系迫使我们让步。

在和谐、甜蜜的关系中,除了有些施暴者目的明确,其他的则混沌不明。因此,大部分的情感软暴力是很难被察觉的。

第1章
了解情感软暴力，警惕你身边的隐形绑架

只有当施暴者越过对方的安全界线，情感软暴力的阴影才会显露出来。

那么，人们该如何分辨自己是不是遭受情感软暴力了呢？

你可以看下自己是否曾经面临以下的一些困境：

如果你不照着做，他们便威胁要你的日子难过。

无论你付出多少，他们总是要求得更多。

他们通常都假设你一定会让步。当你不让步时，他们就会说你是自私、邪恶、贪婪、忘恩负义的人。

如果以上任何一项的答案是肯定的，就说明你已经受到情感软暴力的折磨了。

仔细想想，我们看的电视剧中，经常出现"情感软暴力"的场景：父母会对孩子进行情感施暴："这门亲事你要是不答应，我就没你这个儿子。"或者是："你要是敢跟那个小子交往，就永远别跨进这个家门。"或者是："毕业后回老家工作，你要不回来，我和你爸该怎么活下去？"女朋友/妻子会对男朋友/老公进行情感软暴力："你再这样，我就跟你断绝关系/分手！"或者"你要是爱我，就应该……"等。

情感施暴者一般分为四种类型，分别是：施暴者、自虐者、悲情者和引诱者。

第一种：施暴者。

这样的人在生活中很常见，他们会很直白地威胁你，比

如，他们会说："如果你回老家工作，我们就分手。""你如果跟我离婚，就再也别想见孩子。""你如果不想加班，就别想以后能升职加薪。"

乍一看这些话没什么，但杀伤力却很强，并且经常能如人所愿。因为受害者很清楚，如果反抗，会带来什么样的后果。

施暴者类型是最易被察觉的，只要你不顺从他们，他们就会立马换一副嘴脸。也有的施暴者不会直接愤怒，他们会低头沉默、生闷气，无论我们怎么做，他们就是不理不睬。

第二种：自虐者。

自虐者会变相告诉我们，如果我们不满足他们的要求，他们会感到很失落、沮丧，甚至难以生存下去。他们会采取一些措施来搞乱你和他自己的生活，甚至用伤害自己的方式来威胁你。

他们经常会说出以下这些话：

"你和我离婚，我就活不下去了。"

"你敢离开我，我就死给你看。"

"你不给我买××，我就不吃饭。"

"别跟我吵了，我要得抑郁症了。"

这些都是自虐者可能使用的威胁方式。

这种人让我们了解，如果我们不让步，他们就会将自己要

第 1 章
了解情感软暴力，警惕你身边的隐形绑架

承受苦果的责任算在我们头上，让我们产生内疚感，但是一旦我们让步，他们就会肆意摆布我们。

第三种：悲情者。

悲情的人表面上看起来挺脆弱，事实上他们是一种沉默的暴君。他们会表现出自己的苦处，要求对方完全顺从自己的心意。他们虽然不会威胁伤害任何人，但会暗示我们如果不照做，他们将受苦，错就全在你。悲情者通常会有高超的演技，他们不说自己为什么受苦，而是会表现出沮丧、沉默，甚至眼中含着泪水的样子，让对方让步，满足自己的要求。

第四种：引诱者。

引诱者是四种情感施暴者类型中最不容易被发觉的。引诱者通常会先对我们发出正面的信息，并承诺一些关于爱、钱财或事业升迁的要求，然后再告诉我们，如果不顺从他们的要求，我们就什么也拿不到。到最后，我们才发现，他们不过是在软暴力我们。他们会说："我会帮助你，只要你……""我会清除你事业上的障碍，只要你……"

情感施暴者的形态没有绝对界限，有些施暴者是混合了多种形态。无论遇到哪种形态，都会给我们带来伤害。

认清四种施暴者的类型，我们就可以对号入座。有些时候，我们不仅要识别出他人对自己的软暴力，还要意识到自己也会对他人进行情感软暴力。

 情感软暴力

不要以为"情感软暴力"离自己很远,或者觉得自己绝对不会是一个"情感施暴者"。仔细回想,也许我们或多或少都不自觉扮演过"情感施暴者"的角色,让我们身边最亲密的人承受着情感软暴力的痛苦。

第 1 章
了解情感软暴力，警惕你身边的隐形绑架

情感软暴力的六大特征

日常生活中，情感软暴力会时不时地发生在我们身边，我们不仅可能会遭受他人的情感软暴力而成为受害者，也可能会在难以直接向别人提出要求时，要一些操纵的小把戏，比如，"哎呀，要是有人把窗子打开就好了。"而不是"能请你把窗子打开吗？"这些小把戏只要没给双方带来不适，其实也无伤大雅。

而从日常的操纵转变为极其有害的行为，有一条清晰的界限，即以我们的意愿、健康和快乐为代价，不断地利用操纵的手段来迫使我们妥协，满足他们的要求。这时，操纵就变成了情感软暴力。

电视剧《都挺好》让"花式作爹"苏大强火速蹿红。他作天作地，折腾儿女的各种行为，让荧幕前的不少观众产生了深深的共鸣："对呀！我家也是这样的！"

苏大强式父母的类似行为，实质上就是利用子女的责任心和愧疚感，来满足自身需要的情感软暴力。

在热播剧《小欢喜》中，宋倩母女俩就陷入了情感软暴力

 情感软暴力

的陷阱。

比如，宋倩一大早起床，就为英子做早餐：

"这是妈妈特意为你准备的海参，吃生海参对补脑、增强记忆力可好了，你一定要吃……这是妈妈专门为你熬的燕窝，上好的燕窝对身体好，我守着熬了好几个小时呢，你多喝点儿……"

然后满眼殷切地盯着女儿。

但燕窝是英子最讨厌喝的东西。为了不辜负妈妈一片苦心，她答应带到学校去喝。

类似的场景还有很多，比如，发现女儿期中成绩下降、怀疑女儿早恋等。

宋倩的所作所为就是典型的情感软暴力。

发生情感软暴力的部分原因，是我们常用也常遇到的一种极端行为——控制。当有人用控制手段支配我们，使我们必须对其有求必应，不得不牺牲自己的需求及人格时，情况就变成了情感软暴力。因此，在将某人的行为归类为情感软暴力之前，我们需要审视几个要素，就像医生给病人诊断时需要确认病症一样。

情感软暴力有六项致命特征：

第1章
了解情感软暴力，警惕你身边的隐形绑架

要求：施暴者根据自己的需求向受害者提出要求。

抗拒：受害者认为要求不合理，感觉不舒服和抗拒。

施压：施暴者对受害者施加压力，让受害者感到恐惧、内疚或者认为按照施暴者说的做，是自己的义务。

威胁：在遭到受害者拒绝后，施暴者会威胁对方，如提出分手。

屈服：为了缓解自己内心的焦灼（可能是恐惧、内疚和责任感带来的压力），受害者会压抑自己的需求，屈服于施暴者。

重复：要求、施压、屈服的关系模式奠定下来，并一而再，再而三地上演。

不过，现实生活中的很多情感软暴力是隐晦的、不易察觉的，所以我们要认真思考，仔细识别，这样才能避免成为情感软暴力的受害者或加害者，才能拥有良性的人际关系。

这些特征都非常明显，一旦发现亲密关系中存在情感软暴力，你会发现你竟然一点都不了解对方，你们没有妥协变通的空间，你所希望的无法达成。只有在情感施暴者达到目的时，双方的关系才能恢复和谐。

小丽和男朋友小王三年前就来到上海打工，小丽是个勤快人，不但每天辛苦上班，回来还要洗衣做饭，而小王则游手好

 情感软暴力

闲、无所事事、在家打游戏。每次小丽建议他出去找工作的时候，小王都会找出各种理由推辞，如果小丽还是坚持，小王就会提出分手，这个时候小丽就会妥协，不再提找工作的事情。

案例中的小王就是一个情感施暴者，他利用小丽对他的感情来达到自己不想工作的目的。由此可见，我们之所以会轻易遭受情感软暴力，是因为情感施暴者深知我们有多珍视我们与他们之间的关系，了解我们的弱点，甚至熟谙我们心底的秘密。一旦他们自己的需求未被满足，就会利用掌握的隐私来威胁我们，以让我们妥协和让步。

第 1 章
了解情感软暴力，警惕你身边的隐形绑架

我们为什么会遭受情感软暴力

前面，我们已经指出了情感软暴力的定义，即一方希望另一方凡事都按自己的方式来，以牺牲另一方利益的行为。大部分情感软暴力是不易被察觉的，因为它有时隐藏在和谐美好的关系中。但是也有人深陷情感软暴力中而无法摆脱。

事实上，很多时候，我们之所以遭受情感软暴力，自身也有一定的原因，尤其是那些总喜欢扮演受害者角色的人，他们就很容易遭受情感软暴力。正如人们常说的："别人怎么对你，都是你教的。"对方一旦发现自己所使用的情感软暴力的方式奏效后，就会重复使用，以此来达到自己的目的。

为此，有些人很容易成为情感施暴者的目标。更严重的是，有的受害者会把身边的人慢慢培养成情感施暴者。

不过，你即便是受害者，也需要记住两个事实：一是受到情感软暴力的主要原因并不在你，你不应该成为被苛责的对象；二是情感软暴力和你之间存在某些联系，而你需要做的，就是找出那些关联。

实际上，我们内心的恐惧感、责任感、罪恶感是导致我们

 情感软暴力

被施暴的原因。而情感施暴者正是利用这三种情绪，让受害者顺从自己的意志。

第一，恐惧感。

情感施暴者利用我们对可能会出现的某种情况的恐惧来达到控制我们的目的，他们很清楚我们最怕什么，会对什么精神紧张，曾经哪些经历会引起我们的恐惧情绪。比如，被抛弃的恐惧、被排挤的恐惧、对愤怒的恐惧等。

第二，责任感。

成年人都知道自己要承担责任，但情感施暴者会不断强调自己付出了什么，对方应该如何回报，并利用社会传统来强调。比如："孝顺的女儿就应该多为父母付出""我为这个家做牛做马，付出这么多，你就不能听我的话吗？""我是你领导，你就该听我的。"……

一些责任感强的人，总是会将自己的责任放在第一位，而很容易忽视自己的需求，这样的人，通常会成为他人情感施暴的对象。

第三，罪恶感。

对于有良知的人来说，都会有罪恶感，尤其是自己的行为不符合规范时，罪恶感就会油然而生。很多时候，即便出错并不是自己造成的，他们也会归咎于自己。这样一来，情感施暴者便会利用我们的罪恶感来达成自己的目的。

第1章
了解情感软暴力，警惕你身边的隐形绑架

比如，"我现在心情很差，你都不陪我"（潜台词：我心情不好都是你的错，你不陪我，就是对我不好。）"我心脏不好，不要惹我生气"（潜台词：只要让我生气了，就是你的错。如果我有什么意外，都是你造成的。）

这三种情绪有时候是单独产生的，有时候是交织在一起的。

可见，情绪软暴力之所以能在我们身上发挥作用，是因为对方深知我们的情绪"热键"。情绪热键是我们每个人内心都有的富集情感的敏感神经束，它储存着我们的心事，包括那些内疚的、不安的和脆弱的部分。这些弱点，隐藏在我们所表现出来的人格特质之下。

值得注意的是，这些人格特质通常是被社会所赞许的人格特质，但如果过度的话，就会成为情感施暴者的目标。

情感软暴力对亲密关系、亲子关系、亲密的朋友关系，都有非常大的影响，会造成不健康的关系。我们之所以学习和认识以及识别情感软暴力，是因为要用正确的方式应对，并不是为了讨伐我们最亲密的人，而是用一种更加健康、平等、互相尊重的方式来维系彼此间的关系。

 情感软暴力

为什么最亲近的人伤我最深

有这样一句歌词："爱我的人，伤害我最深。"其实，这句话与我们所说的情感软暴力有异曲同工之妙。

宋玲是一位单亲妈妈，她表面上看很强势，其实内心有着很多恐惧。在女儿婷婷两岁的时候，丈夫就意外去世了，宋玲一个人扛着家庭重担过了十几年。她和女儿相依为命，婷婷就是她的全部，她恐惧失去、恐惧无法掌控，这些恐惧让她产生了一系列情感软暴力的行为。

而婷婷呢？她的内心也很想要获得妈妈的认可，所以在面对宋玲的控制时，她会对自己没听话而产生自责，怀疑自己不顺从就是不爱妈妈。

正是在这种心理的驱使下，婷婷不得不压抑住内心的愤怒，不得不满怀感激地接受妈妈给予自己的"爱"。

从宋玲和女儿婷婷的关系中，我们能看到，作为受害者，其自身的一些特质也助长了情感软暴力的出现：过度需要他人

第 1 章
了解情感软暴力，警惕你身边的隐形绑架

认可；过分害怕他人生气；不计代价维持和平；对他人负有过多的责任感；频繁质疑自我。荣格说："你的潜意识正在操控你的人生，而你却称之为命运。"施暴者和受害者，都是被潜意识操控命运的人。

那么，为什么和我们越亲近的人，越容易掌控我们？

这是因为和我们越亲近的人，越是了解我们，他们知道我们十分在乎和他们的关系，知道我们内心深处最脆弱的地方，也知道我们会对他们坦诚相待，不会对他们设防，一旦他们开始利用这种亲密关系，来达到自己的目的，迫使我们让步时，这些我们平时亲近的人就变成了情感施暴者。只要我们稍不顺从他们的意思，他们就会让我们吃苦头。

而且，情感施暴者最擅长利用我们的恐惧感、责任感和罪恶感，来让我们屈服。但是牺牲自己的需求，成全别人，真的有助于我们建立起和谐关系吗？很明显，答案是否定的。

从本质上来说，情感软暴力损害的是我们的自我完整性。我们本可以轻易选择自己愿意做和不愿意做的事情，但是情感施暴者的介入会打乱我们的节奏，让我们完成自己不愿意做的事情，这就会降低我们的幸福感。

在面对情感施暴者时，我们始终处于一种压抑的状态。比如，面对不断让我们考第一的父母，我们会害怕、紧张；面对不断催婚的父母，我们想逃离。渐渐地，情感软暴力让我们不

 情感软暴力

再信任任何一段亲密关系，在面对情感施暴者时，我们开始处处提防，开始不对他们说真话，也拒绝任何沟通，生怕落入他们的陷阱中。

一味地付出，只会让情感施暴者变本加厉，让我们身心疲惫。所以，要想重建良好关系，我们就要学会拒绝。在人际交往中，有一个大原则：谁痛苦，谁负责。

情感施暴者之所以能施暴成功，主要是因为他们把我们拉进了某个事情当中，让这件事和我们产生了联系，让我们不得不从。我们要想改变无利于自己的这种现状，唯一的方法就是把自己从事件中摘干净，并改变自己的思维方式和行为习惯。

在改变自己的思维方式上有句四字真经：与我无关。当情感施暴者再向你提出无理要求，不要忙着去解释，而是可以使用一些非防御性的话术，比如，这是你的事，你需要自己去解决；这是你的想法，我要考虑一下。

使用这些非防御性话术，最主要的好处就是从思想上告诉自己"与我无关"。无论对方如何威胁你，你都要坚定立场，不妥协。之前你一直被情绪施暴者掌控，主要是因为对方从理智上战胜了你，而现在你要想摆脱他们对你的掌控，就需要比他们更冷静。

除了在思想上保持冷静外，在行动上你也要占据主导权。通过长时间"与我无关"的训练，你已经能够冷静地处理自

第 1 章
了解情感软暴力，警惕你身边的隐形绑架

己的情绪，现在你就需要在行动上训练自己"与我无关"的能力。

处理冲突的唯一方式是沟通。但是在和情感施暴者沟通时，我们唯一需要谨记的就是把自己从事情中摘出去。

然而，并不是所有的冲突都需要通过沟通解决，有的冲突就是需要我们进行冷处理。比如，我们希望假期出去旅游，不回老家，但父母说我们不孝，对此，我们就可以这么处理："妈，这是你的想法，你怎么想都行，我假期还是要出去的。"

总之，任何人要想不被最爱的人施加情感软暴力，就要始终记住，我们的善良并不是愚昧，但是有时候我们过头的善良却会被有心人当成软暴力我们的工具，让我们陷入痛苦和不幸中。因此，我们的善良需要被保护，一味妥协，对双方都不好。而且，一段好的亲密关系应该是，我在乎你，你也在乎我，彼此不用情感绑架对方。

 情感软暴力

"道德感"越强，你越有可能被别人"精神控制"

有这样一则新闻：

在国外，有一位姓何的女留学生，已经读到金融学硕士，但在一个下雨的夜晚，选择跳楼自杀了。

当警察赶到现场的时候，该女子的男朋友也在现场，他告诉警察，他已经尽力去劝阻小何了，但没有拦住，并且承认与其发生了口角。

后来，警察联系了小何的家人。她的姐姐说，自己妹妹样貌漂亮，性格乐观开朗，还十分体贴亲友，是公认的好孩子。大学期间，她经常去福利院、孤儿院等地方做义工，而且她还在准备攻读博士，绝对不存在任何轻生的可能，并对小何男友的说法表示强烈怀疑。

何女士的姐姐还告诉记者，小何的这名男友有着强烈的控制欲，并且经常纠缠小何。

"她冬天回国的时候和我一起吃饭，半小时之内，她男朋友打来无数次电话，让我妹妹立即给他回电话，如果

第 1 章
了解情感软暴力，警惕你身边的隐形绑架

不立即回电话，就以死相要挟。"何女士的姐姐说，"我妹妹之前多次提出跟他分手，都分不开，摆脱不了，纠缠不休。"

另外，小何的密友说这名男子会家暴，小何从来不跟别人说，她男友好的时候对她很好，可一旦有什么不爽，就会对她拳脚相加，拉着她的头发往地上拽，甚至摁到枕头上。

小何为了这名男友几乎断绝了所有的社交圈，但他还是多次恶毒辱骂小何，言语难以入耳。

即便如此，小何还是很爱这个男友。她很天真可爱，不听劝。她说这是她第一个男友，所以想一直和他在一起，他怎么样都无所谓，还是会继续爱他。

小何的故事不仅让人唏嘘，也正验证了这句话："周瑜打黄盖——一个愿打，一个愿挨。"虽然我们无法断定小何的男朋友是不是真的家暴，但是他绝对对小何有情感软暴力的行为。这给世人敲了个响钟，多少人在感情里面撞得头破血流，后果轻一点儿的会抑郁、神经质，严重的则会结束自己的生命。

那么，怎样才能减少这种事情的发生？很简单，我们要减少在亲密关系中的道德感。事实上，案例中的小何的男朋友正是利用了这一点经常对她情感软暴力，让小何逐渐陷入其中，

最终年纪轻轻就失去了生命。

事实上,一个人情绪正常、充满理智的时候,是很难被控制的。所以,无论是什么"精神控制术",都要给他人制造"强烈的情绪",从而让人失去理智。

如何产生强烈的情绪呢?从心理学角度来看,最常用的就是利用社会规则、道德、情感来让你屈服。

比如,如果有人利用道德感给你制造下面这些感觉,你就要留心了,对方可能是在暗中控制你。

1.高频率的羞耻感

羞耻感根源于道德感,因为有道德感,我们才有了关于"美丽"与"丑陋"的定义,从而能让人意识到自己的"丑陋",进而改变自己,让自己变得更好。

然而,羞耻感也会给我们带来不好的方面,比如,羞耻感会让我们产生这样的心态:我是没有价值的、我不配得到幸福、我是有罪的、都是我不好、都是我的错……

而且,羞耻感频率太高、强度太大,会激发出我们内心的不安全感和自卑,而这都给了情感施暴者"可乘之机"。久而久之,"习得性无助"也油然而生,你会认为一切毫无希望,无论怎么挣扎都没用。

2.强烈的愧疚感

内疚是一种社会情绪,这种情绪与人的喜怒哀乐是不同

第 1 章
了解情感软暴力，警惕你身边的隐形绑架

的，它是人在社会化过程中逐渐形成的一种情绪。从某种程度上来说，内疚有利于人际关系的形成和发展，如果没有内疚这种社会情绪，那么，每个人都会成为自私自利的人，人与人之间就无法进行正常的社会交往。

然而，人的内疚情绪应当是适度且合理的，一个人如果动不动就感到内疚，只要有问题就全怪罪自己，那么，他就是个容易自我贬低的人。这种人会慢慢丧失自信和自尊，成为他人情感软暴力中的牺牲品，甚至在每段亲密关系中都沦为情感软暴力的受害者。

比如，在我们的生活中，有不少老好人，他们习惯于迎合他人的需求、不想让他人不高兴，哪怕自己不愿意或者无能为力的事也不拒绝，因为拒绝会让他们自责。于是，他们就顺其自然成为别人喜欢捏的"软柿子"，每个人都可以随意捏上一把。这样一来，他们就会忽略自己的情感需求，成为一个只会奉献，而无法得到他人尊重的人。

激发一个人的内疚情绪是一种强有力的精神控制手段，在情感软暴力中十分常见。每当受害者对施暴者产生怀疑时，施暴者就会想方设法地激发受害者的内疚情绪，用道德、情感绑架的方式来告诉受害者，他这么做是一种美德，而受害者则是犯错误的一方。施暴者就这样一直打击受害者的自尊心，直到受害者主动进行自我忏悔。

025

内疚这种精神控制手段的可怕之处在于，一旦被情感施暴者摆布，受害者就很难挣脱这种控制，因为他首先要面对巨大的心理失衡，会处于受骗和内疚的双重折磨之中。这种巨大的心理冲突会使受害者痛不欲生。因此，很多受害者通常不会主动选择摆脱，而是继续任由施暴者对自己进行压榨，因为他相信这是爱的表达。

内疚的情绪会让受害者主动听话、作出让步和牺牲，施暴者的目的虽然达到了，却会给受害者的灵魂带来严重的伤害。在这段关系中，施暴者与受害者之间的地位越来越不平等，受害者会成为一个只会奉献的人，会将取悦别人当成自己的唯一价值，从而忘记取悦自己。

3.虚无的责任感

有责任感是好事，每个人都希望和有责任感的人相处。但在成为一个有责任感的人之前，希望你能明白，这份责任感源自何处。

责任感是最容易被人利用的一种"道德感"。它可以来自人，比如父母的期望，也可以来自文化，比如对家庭的责任，或者是源于家国大义。这种复杂的来源，最容易被人浑水摸鱼。

评价一份责任是否公允，最简单的就是评估权利和义务，如果权利过小而义务过大，你就要好好思考一下了：究竟是谁在从你的责任感中，获取好处。

　　道德感，人人都需要有，但并不是越强烈越好，像上面这三种道德感的分支，就可能成为别人操控你的基石。

第 2 章

识别情感软暴力的表现形式,这些现象表明你被"敲诈"了

情感软暴力是人际关系的噩梦,当你总是强迫或者被人强迫做一件事时,情感软暴力就已经发生了。然而,对我们进行施暴的并不是别人,而是我们身边的爱人、父母、上司或同事、最亲近的朋友等。换言之,我们最在乎的人,往往伤我们最深。这是因为他们对我们知根知底,深谙我们的脾气秉性,知道如何做能让我们顺从、屈服于他们。因此,要想摆脱他人对我们的情感软暴力,我们就要主动去了解情感软暴力的表现形式,这样我们才能在他人对我们实施情感软暴力时,及时觉察它,并根据自己的判断作出正确选择。

情感软暴力

亲密关系中，情感软暴力常见的十个表现

在亲密关系中，情感软暴力的行为会更加隐蔽，所以很难被人察觉，很多人常常陷入情感软暴力中而不自知，却又能深切感受到痛苦。那么，我们该如何判断自己是不是陷入了情感软暴力中呢？我们先来看下面的两个案例：

孙涛很大男子主义，孩子一出生，他就让妻子辞职做了全职太太。妻子也觉得孩子要多陪伴，没多想就答应了。后来，孩子上了幼儿园，妻子说想回去工作，但孙涛不同意，说孩子太小，离不了人。妻子提议让父母带或者找个保姆，孙涛说老人太累，找外人不放心。

总之，妻子提出一个解决方案，孙涛就有一万个理由回绝。每次沟通，两个人总是不欢而散。

一次争吵后，妻子很崩溃，说："再这么下去，这日子没法过了。"不料，这句话瞬间惹怒了孙涛，他怒不可遏地说："我告诉你，你要是敢离婚，一分钱也休想拿走，家里的一针一线都是我挣的！还有孩子，我让你这辈子都见不着他！"打

那以后，妻子再也没提过工作的事。

和孙涛如此明目张胆地提要求不同，小芳是那种不用说一句话就可以让老公刘明屈服的主儿。只要一不高兴，小芳就会立刻变成哑巴。问她怎么了，她不说话；问她想干什么，她也不理会；再继续问下去，她就干脆把自己关到书房，直到刘明主动上前道歉，她才肯给点儿回应。

可很多时候，刘明根本不知道自己哪儿做错了。即便如此，为了不重复父母离婚的悲剧，他总是主动道歉的那个。

从以上两个案例中可以看出，不管是积极施暴者还是消极施暴者，他们都习惯以自我为中心，从不考虑对方的感受。他们习惯性地把自己当成父母，企图掌握关系的主动权，对对方发号施令，而对方必须无条件服从，否则就要受到惩罚。受暴者则更像是和平主义者和讨好者，因为害怕冲突，担心被遗弃，所以总会乖乖地按照对方的意愿行事，以求大事化小、小事化了。对方得到满足后，就会变本加厉地施暴，恶性循环。

至于如何判断自己是不是陷入情感软暴力中，下面是一个清单，不妨对照看看，在你和伴侣的关系中是否出现过类似的现象。

下面十种情感施暴者常见的表现，你中招了吗？

如果你不照着做，他（她）就威胁要让你不好过；

如果你不顺从，他（她）就威胁要断绝关系；

如果不照着他（她）的意思去做，他（她）会直接告诉你或者暗示你，他（她）被忽视了，并且感到很沮丧或很受伤；

不论你付出了多少，他（她）总是要求更多；

他（她）通常假设你一定会让步；

他（她）常常漠视或看轻你的感受和需求；

他（她）对你做了许多承诺，却常食言；

当你不让步时，他（她）会说你是自私、贪婪、没心肝的人；

当你承诺要让步时，不管你说什么，他（她）都会答应，但如果你绝不退让，他（她）马上就翻脸；

将金钱当作逼你让步的利器。

情感软暴力的发生除了施暴者的主动出击外，受害者大多也起到了推波助澜的作用。接下来这两个清单，会帮你进一步看清情感软暴力是如何发生的。

面对情感软暴力时，你是否认为下面的做法很困难或无法实现？

为自己的观点辩护；

正视事实；

申明自己的原则；

让情感施暴者知道其行为是你不能接受的。

如果以上任何一项答案是肯定的，那么，你已经具备了被施暴的潜质，而真正的考验还在后面。

那么，面对情感施暴者的施压时，你会不会：道歉、试图跟对方讲道理、争吵、哭泣、哀求、改变或取消重要计划或约会、提出让步、希望这是最后一次、投降……如果你选择了其中的任何一项，那么，很不幸，你已经彻底掉进情感软暴力的陷阱了。

施暴者往往不会简单粗暴地勒索，而会用各种说辞和手段来伪装，使得情感软暴力悄然发生。即便如此，我们还是能从中找出规律，拨开云雾见月明。

> 情感软暴力

小心，也许你的恋人正在对你进行情感软暴力

你在恋爱中有过这样的体验吗？

"我好难受，看到我这样，你开心了吧！"

"你要是分手，我就死给你看！"

"我这样做，都是为你好，你为什么不体谅我，为什么不理解我？"

"都是你的错，不是你的话，我也不会变成这样。"

"你不是想要这个吗？那就乖乖听我的话。"

……

如果有以上体验，那么，你可能遭受了情感软暴力！

就这一话题，我们看看小芹的遭遇：

小芹和男朋友是大学时认识的，毕业以后男朋友去了南方的某个大城市。男朋友家是农村的，小芹则是小康家庭的独生女，男朋友说他很爱小芹，是抱着结婚的目的谈恋爱的，所以希望她能到自己的城市，跟他一起打拼，并保证以后会好好对小芹。

第 2 章
识别情感软暴力的表现形式，这些现象表明你被"敲诈"了

随后，小芹就坐了二十多个小时的火车来到了男朋友的城市。

刚开始，小芹确实很幸福，男友对她百依百顺，照顾得无微不至，让小芹觉得她来到他的城市，是一个正确的选择。

然而，五个月后，男友开始对小芹指手画脚，说她不爱收拾家务，饭菜也做不好，也不打扮。小芹为这个事跟他吵过好几次架，多次想要回家，但男友都不让她回，一直认错，说他是太爱小芹了，所以希望她变得更好。等小芹原谅他以后，过不了多久男友又开始埋怨她。

小芹开始怀疑自己，是不是自己真的哪里没做好。她开始反思自己，刻意去改掉男友说的那些坏习惯。小芹原本以为男友看到她的改变，会夸奖她，但男友还是不断从鸡蛋里挑骨头。现在的小芹明显有点儿卑微了，在感情中失去了自我。男友仗着小芹心软，所以不断地挑战她的底线。

他这样做的目的是什么呢？

他想控制小芹，让她认为自己真的很差劲，除了男友，找不到其他更好的了，好让小芹死心塌地跟着他。

小芹多次问男友："爱不爱我？"男友每次都说："除了你，我谁都不爱。"

然而，清醒的人都知道，真的爱你的人，是不会打击你的，也不会想控制你。只有不爱你的人，才会打着爱的旗号去

控制和剥削他人。因此，我们都要小心恋人的情感软暴力。

"情感施暴者"有三大特征：贬低你或你的能力；引发你的内疚感；剥夺你的安全感。

就刚刚的案例中，小芹的男友已经在对她实施情感软暴力了，贬低小芹的能力，引发小芹对自己怀疑，然后让小芹离不开他。

你如果也有这种感觉，那你可能也遭受情感软暴力了。

在一段亲密关系中，发生了情感软暴力，并不代表这段关系必须结束。如果你还爱他，那么需要你勇敢去面对它，解决情感软暴力的问题。

那么，在恋人关系中，什么样的人容易遭遇情感软暴力呢？

第一，想获得对方认同的人。

在恋爱中，自己吃苦没有关系，一定要满足对方的要求，这样的想法容易出现在"恋爱脑"的人身上。

在一段不对等的关系中，你想要获得对方的认同，从而贬低自己，那么，请小心，你可能遭受情感软暴力了。

第二，容易心软的人。

在恋爱中，要对方承担一些本不用承担的事情。

比如，你发现恋人在跟其他女生聊天，他会对你说："我是因为太想你了，你又不在我身边，所以只好找其他女生聊聊天，打发一下时间。我也不想这样，我最爱的人是你，你有空陪我，我就不会这样了。"你听了这些话，不但没有责怪对方与别人搞暧昧，还可能会安慰他，说自己不应该疏忽他。

他跟其他女生聊天的行为，是他的错，被你发现，他没有道歉，还责怪你。小心，你就是遭受情感软暴力了。

第三，自卑的人。

自卑的人，听到恋人的指责或威胁，他（她）会不断怀疑自己，承认是自己做得不好，是自己错。

比如，你想去学习舞蹈，你的恋人说："你协调能力这么差，还去学舞蹈，不是浪费钱吗？"

当你想做一件事，或正在做时，恋人就给你进行价值判断，否定你、打击你，让你怀疑自己。同样，你遭受情感软暴力了。

第四，屈服于权威的人。

这种人常常拿他的身份来威胁你，让你屈服于他的掌控。

比如，你责怪对方不该看你的手机，让你感到没有隐私感，但你的恋人却说："我是你男朋友，我没有权利看你的手机吗？难道你有鬼？"

用身份来压制你，就算对方的行为让你很难受，你也无力反抗。警惕，你已经遭受情感软暴力了。

那么，怎么避免被情感施暴者绑架呢？

1. 暂停与他的互动

暂停与他的互动并不是分手，是你需要给自己时间和空间，去检查一下他的哪些行为，让你感到不舒服？当他不在你身边的时候，你的感受是什么？如果想念，有多想？

你可以用第三视角写下事情发生的过程，梳理一下你们的感情关系。

2. 制造情感上的距离

这时，你需要考虑与他保持怎样的距离，才能在保护自己的同时，维持与他的关系。这里要提醒大家，情感施暴者需要经过一定的专业治疗，才能走入真正的亲密关系。如果你的恋人是情感施暴者，则可以找有资质并有经验的心理咨询师帮忙。

3. 你应该控制自己，不要与他有太多的情感纠葛

不是要你与对方划清界限，而是希望你在你的关系中，保持你自己的想法。

上面说的是不分手的方法，你如果想分手，就果断地提出分手。

但要懂得不要与他正面发生冲突，以免对方做出不理智的行为。你可以找个恰当的借口，远离他。

4. 认识你们的责任

当情感软暴力发生时，并不是施暴者一个人的错，而是恋人双方都有责任。你想想看，你过去有没有把自己的价值寄托在对方身上，有没有为了维持关系，过分忍让，失去自我。

恰恰就是你的忍让，给了对方一次次伤害你的机会。所以，你要学会改变自己，在这段关系中勇敢发声，自己不能解决，可以寻求他人帮忙。

对于情感施暴者，如果他还值得你去帮助他，那么，你可以耐心去引导和帮助他，从而改变这种行为方式。如果你们都不能很好地处理这件事，但都想好好在一起，可以寻求专业人士的帮助。

情感软暴力

亲子教育中,家长要警惕这些"为你好"行为

在家庭教育中,相信我们对下面这些对话并不陌生:

"我这么做都是为了你好",来让孩子能够听话。如果孩子不听我们的话,家长又会对孩子说:"如果你不听妈妈的话,妈妈就不爱你了。"

看似一句非常具有爱意的威胁话语,但在孩子看来却并不是为他好,反而会刺激孩子爆发出负面情绪。之所以孩子会出现这样的表现,是由于家长的"为你好"行为,从本质上来说形成了"情感软暴力"的表现形式。

这样的家庭教育方式,是一种权力上的关系,一种家长想要成为主导者的权力游戏。而情感软暴力通常会体现在家长的这几种为孩子好的行为上面。

1.严格管教孩子

当今社会,学生之间也存在激烈的竞争,一些父母为了不让孩子输给别人,他们会严加管教孩子,希望孩子能好好学习,能在各个方面有优异表现。

他们会给孩子制定一系列的条条框框,让孩子按部就班地

去完成，通常是在成绩方面必须取得优异的成绩：

（1）每次考试必须保持班级或者年级前××名。

（2）每天晚上或者每周末必须去课外辅导班补习。

当孩子完成不了这些任务之后，他们就会对孩子进行相应的惩罚：

（1）罚孩子抄试卷中的错题。

（2）惩罚孩子不准娱乐。

一旦孩子不服从，他们就会用情感软暴力的方式来教育孩子："我们惩罚你，是为了你好，让你下次能够长长记性。"

这种严格管教行为，就是家长作为施暴者来帮助孩子改造梦想，他们想让孩子能够成为自己所期望的那样。

因而，就对孩子严格管教，促使孩子能够完成他们心中的目标。

2.溺爱孩子

还有一类家长在"为你好"行为上，可谓对孩子照顾得无微不至。

陈女士的女儿媛媛今年10岁，本该有一定的动手能力，但陈女士什么都不让女儿做，在衣食方面，都是陈女士亲自为女儿去操心的。

就在两天前，媛媛要去上学，陈女士依然如同往常一样，

情感软暴力

为媛媛准备好了要穿的衣服。媛媛看了那件衣服之后,告诉陈女士说她不想穿这件衣服。结果,陈女士顿时生气地说:"妈妈觉得你适合这件衣服,你怎么不愿意去穿,以前的你可不是这个样子的,现在你怎么敢不听妈妈的话了。"

很多像陈女士这样的家长,他们都在用这样的方式养育孩子,等到孩子慢慢地成熟长大以后有了自己的想法,他们便会认为孩子变得叛逆了,就会用这样的方式来迫使孩子听从。

家长或许觉得使用"情感软暴力"的方式,能够让孩子更加容易听自己的话,却不知道这样的行为会给孩子带来许多的不利影响。

1.会让孩子感觉到内心压抑

德国著名的思想家歌德曾经说过:人是怎样便怎样待他,他便还是那样的人。一个人能够或应该怎样便怎样待他,他便会成为能够怎样或是应当怎样的人。

每当孩子们不能按家长的要求做事情的时候,家长就会对孩子进行"情感软暴力",而孩子在家长这种迫使之下,自然就会产生一种压抑感,而不会快乐了。

8岁的甜甜就是这样的情况。每天晚上,甜甜的妈妈都会让甜甜去练2小时的舞蹈,这对于仅有8岁的甜甜来说,是一件极为痛苦的事情。因为长时间练习舞蹈之后，身体都会出现酸痛的情况。

有一天，甜甜实在不想再跳了，就跟妈妈说了。可是，妈妈依然坚持让甜甜跳，甜甜被逼得坐在地上大哭了起来。

没想到，妈妈却说："妈妈这样要求你勤加练习舞蹈，难道对你不好吗？你哭什么哭。"听了妈妈的话后，甜甜无力反驳，只得将这份压力埋藏在心中。

家长对孩子的情感软暴力就像是一块块的砖头一样，慢慢地堆积起来，最后在自己与孩子之间高筑起了一道坚固的墙，而这堵墙就将孩子封闭在其中，使之产生压抑感，感觉内心孤立无援。

2.让孩子产生"习得性无助"

"习得性无助"是由美国心理学家塞利格曼在1967年提出的，它主要指的是人们因为重复的失败或者惩罚而产生的一种听任摆布的行为。

（1）家长会因为孩子没完成作业而惩罚孩子。

（2）家长会因为孩子考试没考好，而批评孩子。

在这样的情况下，孩子就会逐渐丧失自信心，认为自己哪里都不行，还对不起父母，就会产生相应的挫败感，进而慢慢地失去做事情的情感和动力。

因此，我们家长在教育孩子时，应当避免这种情感软暴力，要正确去地表达对于孩子的爱。

1.放开手，让孩子形成独立的人格

在孩子成长的过程中，我们要逐渐地将自己手中的权力放出来，让孩子能够有机会去做自己，逐步地去发展独立性。

（1）在孩子系鞋带的时候，我们家长不要帮孩子系好，要让孩子独立地系好鞋带。

（2）当孩子遇到难题的时候，我们不要直接去告诉孩子答案，而是让孩子能够独立思考，自己解决这个难题。

通过这样的方式，我们就能够正确地去表达出我们对于孩子的爱。

2.经常性地与孩子进行沟通

家庭教育中的所有问题都可以归结为沟通不畅，我们家长与其去使用"情感软暴力"的方法，不如去试试与孩子进行沟通。

（1）我们可以在吃饭的时候，与孩子边吃边聊。

（2）我们可以在睡觉前，与孩子谈谈心。

这样的话，我们就能够拉近亲子之间的距离，从而互相交流想法，减少隔阂，让双方的关系更加亲密。

总之，家长在爱孩子的方式上面，一定要注意，切不可打着"为你好"的旗帜，让孩子觉得你是在对他进行"情感软暴力"，这样就得不偿失了。

小心父母以"孝顺"为借口的情感软暴力

在现实家庭中，普遍存在矛盾，比如，子女与父母、妻子与丈夫、兄弟之间，有时候还会争吵或动手。当然，越来越多的人深知暴力是不对的，但精神暴力却深深地扎根在每一个家庭里，不被重视。

我们来看看25岁的女孩秋菊是如何谈及自己父母的：

"我爸，每次不顺他意的时候，都会用脏话骂我，说我是不孝的女儿，我心里很难受，我自问用心对待他，现在被他说我不孝，我真的很辛苦，他说的都是对的，我永远都是错。"

秋菊在说这番话的时候，面容已经扭曲、气喘、激动、手也在发抖。可见，她已经被长期折磨，但父亲始终是父亲，该怎么办呢？

秋菊之所以感到压抑和痛苦，就是因为长期被父亲以"孝顺"为借口进行着情感软暴力，这种"软暴力"在她内心不断发酵，最终造成身心障碍。

大多数令人痛苦的家庭关系是子女和父母之间界限不明，父母过度干涉孩子的生活、替孩子作决定，抢夺孩子的人生主导权，形成一种抗争关系。并且，他们还有个冠冕堂皇的理由——孩子就该孝顺。

不得不说，在集体意识中最具控制性的词就是"孝顺"。

这里，我们首先要弄清楚孝顺的本质，孝顺是父母养育我们，我们长大后反哺父母，用自己的力量去照顾父母。

孝顺本身并没有问题，但是很多父母会用孝顺来绑架子女，他们没有明确的边界意识，打着为子女好的旗号干涉、强迫子女按照自己的意愿行事，无视子女的独立人格。

孩子为了对抗父母，可能直接妥协，一直当父母的"傀儡"，或者直接跟父母决裂，父母怎么反对怎么来，亲子关系势同水火。不被允许的小孩会被扼杀掉很多天性，会在跟父母的权力斗争当中感到挫败，会在被控制下，体验到心碎与无助，甚至会产生报复父母，以及远离父母的想法。

控制型的家长，在共生关系里处于单向控制的地位，他们在潜意识里认为孩子是自己的附属品，一切都应当听自己安排，孩子不允许有自己的意志，否则就是触犯自己。而在这种控制和共生关系当中长大的孩子，往往会发展出自卑的性格，有的会造成很深的依赖，既想反抗这种关系，又没有力量。

通常控制型父母会说这样一些话,比如,你不可以交男(女)朋友、你不可以去××地方工作,你不可以这样消费……但也许此时你正想和××交男(女)朋友,或者你正想去某个地方大展拳脚,再或者你刚发了工资,想买某东西……这样,你的想法和父母的指令就产生了矛盾,此时,父母会借由权威、道德、力量、好处、道理等来说教,而你也深知父母这样做的目的是控制自己。

随着这种控制的时间越来越长、越来越深入,一旦子女的行为被父母反对,父母就会给子女贴上"不孝顺"的标签,这就是以孝顺之名的情感软暴力。

在亲子关系的"情感软暴力"中,父母已经习惯了这样的互动模式,他们知道怎样可以让子女"乖乖就范",而且控制型的父母本身很难去共情子女的需求,所以这样的父母是很难自己"幡然醒悟"、主动放弃控制的。对于长期陷入"情感软暴力"的人来说,还很容易形成"习得性无助",认为自己无论尝试什么,都会导致不好的结果,不如索性按照父母的要求去做,而且为了撕掉自己不孝顺的标签,他们会被迫答应要求,如此循环往复。

但实际上,无论何时你都可以坚持自己的需求,这与你孝不孝顺并无关系。你不需要每次迎合父母的期待,你需要的只是按照自己的意愿行事,孝顺与否并不是由顺从无理要求决定的。但过好自己的人生，确实需要承担责任和代价。代价就是，有可能你自己作出选择，真的一直被父母念叨"不孝"。这也是许多被困于原生家庭中的成年人，很难继续完成独立的重要一步，因为他们无法承担自己选择的后果，而被父母控制，虽然痛苦，但也能带来安全。

唯一的解决方法，就是完成自我独立，而自我独立的重要标志，就是明确以及坚持自己的权利。

那么，如何化解父母的控制欲呢？

1.别总是对父母抱有不合理的期待

对于遭受情感软暴力的子女，虽然想要尝试独立，但多半会被父母情感控制的，因为你的独立，意味着你要和父母重新建立关系，而不是从前的依赖与被依赖的关系，一旦关系边界建立起来，他们对你的控制便失去效用了。

不过，反过来，我们也要认识到，独立不意味着"疏远"父母，也并不意味着你不爱父母了，这些认知都是"愧疚感"的一种体现。

2.尽快做到经济独立

刚从学校毕业、进入社会，难免会遇到经济上的困难，此时，你可能不得不向父母求助，控制型父母可能会利用这一点，让孩子再次顺从和听话。

如果这类事情一再发生，就会进一步加剧孩子独立过程中内心的挣扎和矛盾，所以优先取得经济独立，是完成自我独立长征之路的重要一步。

3.主动改变与成长

父母的控制欲，本质上也是因为父母内心的脆弱和恐惧，是情感上的需求。而当孩子成熟成长了，拥有坚定的内心和强大的内心力量，那么，成长后的孩子也可以反过来疗愈脆弱的父母，推动父母的个人成长过程。但要达到这最后一步，孩子首先需要在痛苦中完成自己的心灵成长。

4.寻求专业帮助

在自我觉醒和自我成长的路上，充满了各种各样的痛苦，作为总是被控制的子女要想寻找和重建自己内心的声音和沟通能力，就要寻求专业人士的帮助。

情感软暴力

职场你总是在"帮忙",小心你可能遇到了同事的情感软暴力

小田是一名刚毕业的大学生,幸运的是,她如愿进入了自己梦寐以求的公司。她很珍惜这份来之不易的工作,所以在工作中,她总是能多做点儿就多做点儿,而且她很希望能够顺利地通过试用期,留在这里工作。

为此,她几乎每天都加班,也经常帮同事去买早餐,拿快递……为的就是搞好同事关系,希望增加试用期的通过率。

也许是同事认为小田好说话,所以,他们对小田的帮助的态度,从一开始的客气慢慢变成了理所当然。无论什么大事小事,他们都喜欢让小田去做,更有甚者因为自己下班有约,没能够及时地完成工作,便让小田加班完成。

对此,小田很是苦恼,自己也开口拒绝过,但是有同事说:"这点儿小事都不愿意帮忙,太小气了吧。"就这样,她还是硬着头皮去做了,久而久之,小田烦恼极了。

案例中的小田,实际上就是遇到了同事的情感软暴力。在

职场中，我们总会面临来自一些领导或者是同事明显不合理的要求，自己想要拒绝，但是拒绝不了，到最后也只好自己妥协了。而且，一般遭受情感软暴力的人，即便自己很痛苦，也很难意识到自己已经成为受害者。这也正是情感软暴力的可怕之处。

职场上的情感软暴力，主要表现为以下特征：

1.压力与威胁

如果你拒绝同事的请求，他大概会说"你这个人怎么这么小气，就连这点儿忙都不肯帮"，导致你认为自己真的很小气。

2.要求

无视你的感受，即便你已经表达出不愿意的意思了，但是对方还是会继续这样做。

3.抵抗

你不愿意答应对方的要求，但是又不太好意思直接地拒绝，所以会比较委婉地提出自己的意见。

4.顺从

你从对方的话语中，感受到了压力和威胁，因为你心中有罪恶感，认为自己要是不答应同事的这种要求，自己就是个大恶人，所以为了减轻自己的这种罪恶感，你最后顺从了。

5.旧事重演

因为同事有上一次"成功"的经验,所以对方深知你害怕什么,下一次就会抓住你的这个软肋再次以同样的方式,去向你提出要求,如此形成一种循环,令你深陷于其中。

那么,我们该如何摆脱"情感软暴力"?

1.大胆说"不",学会拒绝

那些人之所以会成为情感软暴力的受害者,是因为自己并不懂得怎么去拒绝他人,也很害怕拒绝他人,而且这在他们看来"如果拒绝了他人,自己就有罪恶感"。所以,他们才会深陷在他人的情感软暴力中。

我们要认清,他人言语上的攻击只不过是打着情感软暴力的旗号,去行各种满足自己私欲的事情,所以错的不是我们,而是他人。当我们明确了这一点,就能鼓起勇气,对于他人明显不合理的需求,大胆说"不"。

2.重视自己的感受,并且建立情绪界限

每个人都有自己不同的底线,比如,你不喜欢别人摸你的头,或者是拍你的肩膀,如果别人触犯了这些禁忌,你应该明确地向对方表达出自己的不满,告诉对方"你这样做,我会很不开心"等,以此来建立起情绪界限。有了情绪界限,他人便不会再触及你的底线。

要懂得重视自己的感受,而不是一味地去顾及他人的感受，否则，我们永远都不会觉得开心，会一直处于消极的情绪中。

3.提高自我价值感

下位者会听从上位者的意见，但是在同事关系里面，这种上下位者的感觉有些时候并没有那么明显，但不变的是，对你颐指气使，提出要求的那个人就是上位者。

下位者为何要听上位者的话？很简单，这是因为下位者的地位更低。我们虽然无法从其他方式上去改变这种情况，但是仍旧可以从自己身上去提高这种自我价值感。

自我价值感高的人，懂得拒绝他人的要求，因为对于上位者来说，自己才是属于价值高的那个人，所以自然地拒绝了其他人的请求，毫无心理负担。

情感软暴力的受害者要提高自身的价值感，懂得重视自己的感受，并且建立明确的情绪界限，最重要的是要学会去拒绝他人，这样才能避免自己成为遭受情感软暴力的那个人。

情感软暴力

这些迹象表明，你可能受到了领导的情感软暴力

某律师事务所虽然工作强度很大，但是因为其高薪，依然吸引了很多年轻人，其中就有一个叫李莉的女孩，她的直属上司周总是一位工作狂。

周总向来对员工要求极高，经常在各种场合反复强调"不加班的律师不是好律师""没有熬过夜的工作是不完整的"等观点。李莉经常在周总的项目上加班到凌晨三四点，睡眠时间严重不足，更别提享受个人生活了。

与李莉同时期来的一位同事，是一个我行我素的年轻人，他坚持到点就该下班，面对大家都不得不加班，他理直气壮地声明："没有加班费，我为什么要加班？工作量这么大，加班也做不完。"

后来，在全公司评绩效时，这位同事的分数极低，就不得不辞职了，而李莉不得不咬着牙在周总手下做了一个又一个项目。有一年的情人节，李莉想跟男朋友一起过节，便向周总请三个小时的假。谁知，周总竟然反问她还想不想升职？李莉突然想起那位"被辞职"的同事，默默地继续加起了班。

第 2 章
识别情感软暴力的表现形式，这些现象表明你被"敲诈"了

在这之后，身心俱疲的李莉常常觉得生命毫无意义，不知道每天这么忙碌是为了什么，对什么都提不起兴趣，还差点儿得了抑郁症。

可能不少职场人士尤其是一些新人会认为，被领导施压、不得不加班是职场司空见惯、再理所应当不过的事了。然而，你会发现，你自己的个人时间、空间乃至健康都慢慢受到了影响，并且，你要明白，这种压迫一点儿都不健康，是情感软暴力。

事实上，在职场，领导利用自身职权对下属进行情感软暴力的现象比比皆是，比如，我们经常能听到一些领导说：

"不能完成规定的销售业绩，你就卷铺盖走人！"

"你不是想要这个机会吗？那就乖乖听我的。"

"你如果敢把这件事情告诉别人，就小心自己的安全吧！"

情感软暴力在我们的生活中随处可见，可大多数人却没有意识到这种软暴力对于我们的身心造成的影响和破坏性，它们像白蚁一样，一点点吞噬掉我们生而为人的自尊，毁掉我们生活的信心和勇气。

在公司里，被领导约束行为规范，被要求完成各种KPI，或者是因为观念不同起冲突都是很正常的现象。作为一个成熟

的职场人士，不那么玻璃心也是基本的职业素养。

那么，我们应该怎么区别正常范围内的控制和情感软暴力，怎么辨别对方行为中潜藏的意图与目标，发现情感软暴力的存在呢？

1.学会分辨严格要求与情感软暴力

情感软暴力的真正动机是为了实现自己的利益和目的，不管不顾别人的处境和感受，对于真正的问题采取逃避的态度。

以案例中的周总来说，如果他能够考虑到员工长期加班造成的疲惫感和糟糕的心理状态，不那么咄咄逼人，适当地反省自己的行为，而非坚信所有人都得像他这样努力才能对得起这份工作，并主动作出让步，同意李莉三个小时的假期，那么就不能称为情感软暴力。

其实，要求严格也并不完全是坏事，适当的压力能够督促我们不断地提升自己的能力，从而更快、更有效率地解决问题。但这不代表领导能一意孤行、打着为员工好的旗号为所欲为，或者是拿员工的前途和未来要挟员工，让员工沦为免费劳动力。

身处职场中，我们要学会分辨两者的区别，如果被施暴了，我们要勇敢地站出来，维护自己的利益，而不是在伤害自己的道路上，一再妥协和让步。

2.了解领导对下属进行情感软暴力的手法

需要说明的是，很多施暴者并不是有意识地去剥夺你的权益，而是因为他们过度专注于自己的利益，为了达到目的，不惜用一切手段，从而选择性忽视对别人造成的伤害。因此，我们需要了解他们常用的手法，才能有效地防患于未然。

对于下属来说，最害怕的莫过于失去工作、失去领导的信任、无法加薪。施暴者利用这些恐惧，放大你的危机感，让你感觉非常痛苦，以至于让你愿意做不符合自己利益的事情。

比如，领导会暗示你：如果不帮我干私活，你就会失去我的信赖，之后的升职加薪就别想了。这样一来，你是不是就乖乖妥协了？

因此，作为下属，要明白，在职场努力工作是我们的职责，但是一旦发现自己遭受了领导的情感软暴力，就要勇敢说"不"，决不妥协让步。

第 3 章

深挖情感软暴力的套路，看看他是如何用爱操控你的

前面，我们已经指出，那些情感施暴者正是利用了他人的恐惧感、罪恶感和责任感来要求受害者按照自己的想法和意愿行事，是一种思维操控。了解和深挖情感软暴力的套路，是我们"解套"的关键，也可以让我们以更加健康和成熟的心态经营亲密的人际关系。

情感软暴力

FOG：情感软暴力者的工具

在电影《波西米亚狂想曲》里，男主弗雷迪和助理保罗在暴雨中对峙。前情提要是弗雷迪的前女友前来看望他，告诉男主她怀孕了，并且几乎带着乞求地劝他离开渣男保罗。

当弗雷迪终于幡然悔悟，命令保罗从他的生活中消失时，保罗威胁弗雷迪，说他手上掌握着弗雷迪很多不为人知的秘密：同性恋取向、私生活混乱、纸醉金迷……幸好我们的男主还是毅然决然地离开了保罗，当然之后他还是付出了很大的舆论代价。

保罗的威胁伎俩，正是典型的情感软暴力。它明确地传递出一个信息：如果你不按照我的要求做，有你好看的。

不过，现实生活中的很多情感软暴力，要比保罗对待弗雷迪的伎俩来得更加隐晦，不易察觉。这是因为情感施暴者会释放出厚厚的迷雾（FOG），来掩盖他们的行为，因而几乎不可能看出他们是如何摆布我们的。FOG就是情感施暴者的施暴工具。

FOG代表的是：恐惧（Fear）、责任（Obligation）、内疚（Guilt）。施暴者很擅长通过巧妙的方式唤起我们的这些内在感受，让我们焦虑难耐、压力倍增，最终迫使我们屈服于他们的要求。

1.恐惧（Fear）

在你的内心，是不是经常对一些事恐惧，而你恐惧的，正是他人软暴力你的根源。察觉内心的恐惧，你可以尝试问自己以下的问题：

我是不是害怕他们生气？

我是不是害怕他们反对我？

我是不是害怕他们不再喜欢我、爱我，甚至会离开我？

如果有肯定的答案，那么，你很可能被人掌握了软暴力你的"筹码"，让你臣服于他。

其实，人类的恐惧从婴儿时期就存在了，早期的无助感给婴儿带来被抛弃的恐惧。当成年人遇到情感软暴力时，存在于婴儿时期的恐惧感再次被激活，让我们处于压力之下而不得不屈服于他人的威胁。

这类施暴者常以惩罚者或者自我惩罚者的面孔示人。他们告知我们，如果他们的需求得不到满足，我们可能要承担何种后果，或者他们就会对自己做出什么。比如，"你要是和我离婚，就再也别想看到孩子""要是你离开我，我就去死"。

有时，他们也会戴上诱惑者的面具："我可以给你帮助/金钱/事业/爱情……如果你按照我说的做……否则……"诱惑者给予我们奖赏，但很明显，奖赏是有条件的，我们必须对他们唯命是从，否则就别想得到奖赏。

2.义务/责任（Obligation）

施暴者会反复强调自己因为他人而牺牲了很多，还会拿出社会传统、信条来加以佐证，让别人产生愧对他们的想法。这一方法经常发生在那些一心为了子女而忽视自己的父母身上，他们会利用孩子的愧疚心理来进行情感软暴力，让孩子服从他们。

施暴者把他们对我们的要求，转换成了我们应尽的义务。这是一种乔装打扮的软暴力，是一种强迫之下的责任感，等同于道德绑架。

而那些被责任和义务操纵的人，就像是希腊神话中的阿特拉斯神，用自己的双肩扛起了整个天穹。他们模糊了自己对他人所承担责任的边界，只记得要对他人尽心尽力，却忽略了自己，他们的内心想法常常是：

这是我欠他们的。

他们为我做了那么多，我不能拒绝他们的请求。

这是我的责任。

3.内疚（Guilt）

内疚的心理学含义是，人们对伤害、欺骗以及虐待等行为的一种自然恰当的心理反应，但过度的、错误的内疚感，会让我们误读自己的行为。

有一个例子揭示了"错误内疚心理"的形成过程：

我打电话告诉妈妈晚上不能陪她一起吃饭了。（我的行为）

妈妈不高兴了。（别人因为我的行为而感到难过）

我应该为妈妈的不高兴负责。（迷雾出现了：我为此负全责，不管和我的行为有没有关系）

我感到内疚，因为我的行为让她感觉到了被忽视。（迷雾出现了：我感到内疚）

我推掉了所有安排，陪妈妈一起吃晚饭。（我愿意做任何事情来补偿，以让我感觉到好受一些）

这个例子中的逻辑一推便倒：为什么仅仅一顿饭没有女儿陪伴，妈妈就会觉得自己被忽视而不高兴？这应该是妈妈自身未解决的关系议题，而非女儿应全权承担的责任。

但是施暴者释放出的FOG太厚重，常常让我们无法察觉其中的逻辑漏洞，尤其当施暴者对于我们非常重要时，我们内心

情感软暴力

就会产生这样的想法：

如果不这么做，我会感到内疚。

如果不这么做，我会觉得自己很自私、没有爱心、贪婪、小气。

如果不这么做，我就不是一个好人。

这类施暴者在我们内心摇身一变就成了受害者，我们的内心常常会产生愧疚心理，让我们觉得如果不按照他的要求做，他就会受到伤害，而这是我们的错。

FOG让我们在最熟悉的关系里，迷失了方向。其实，与其说FOG是施暴者释放的迷雾，还不如说它是我们内心的阴霾。我们自己对被抛弃有深深的恐惧，认为自己有对别人负全责的义务，加之错误的内疚心理作祟，才让我们更容易成为施暴者的猎物。

这可能有点儿扎心：明明自己是被施暴的受害者，怎么自己还成了问题的始作俑者？因为情感软暴力从来不是一个人的交易，它是两个人的"共谋"。共谋，并不是说情感软暴力因受害者而起，而是受害者在某些方面允许了软暴力的发生。下面是我们总结的一些容易被施暴的人格特质：

对认同的过分需求；

对愤怒的强烈恐惧；

为了获得平静的生活愿意付出任何代价（息事宁人）；

倾向于对别人的生活负担起过多的责任；

高度的自我怀疑：不相信自己，我们注定会被别人赋予聪明和智慧。

这些特质中，无疑也可以看到FOG的影子：对不被认同、愤怒的恐惧，模糊的责任义务界限，以及对自我判断的不确信造成的错误的内疚。

情感软暴力

情感施暴者常用的四种套路

情感施暴者常用的除了FOG这三个我们内心的"小辫子"以外,还常常用一些套路让我们背负上沉重的包袱,臣服于他们。比如:二分法、病态化、联合阵线、消极比较。

1.二分法

所谓二分法,对于情感施暴者而言,就是非黑即白、双重标准。他们标榜自己永远是好人,而被他们施暴的人则是坏人,他们会美化自己的动机,让他们的软暴力行为看起来更高尚,同时,也凸显受害者是多么污秽不堪。

我们对于身边的人,无论是亲人、爱人还是朋友,都希望能保持和谐的关系,我们也害怕冲突,而这正给了他人情感软暴力我们的可乘之机,他们往往很会利用我们的责任心、恐惧感和内疚心理进行绑架。

当情感施暴者要求我们答应他们某件事或者希望我们配合他们,而我们不肯配合时,他们就会想方设法让我们觉得,我们如果这样做,会让彼此更愉快、对大家都好。而其目的就是让我们听他们的,他们认为自己提出的建议才是最棒的,他们

第3章
深挖情感软暴力的套路，看看他是如何用爱操控你的

有权让我们照做。

与此同时，为了达成目的，他们会直接或间接地给我们贴上自私、拘谨、幼稚、愚昧、不知感恩、脆弱等标签。只要我们不愿意服从，他们就会拿出这些标签来批判我们。而且，情感施暴者会先对自己和施暴对象使用积极的形容，当对方不肯顺从时，他们就马上搬出一堆消极的描述，并把所有的问题都怪在对方的头上，接着给对方贴上标签来强化自己的立场。

由于情感施暴者强加在我们身上的标签和我们的自我认知不同，往往没过多久，我们就会对这些贴的标签产生怀疑，开始将情感施暴者给予我们的观念内化，我们也会陷入自我怀疑中，认为他们所说的是正确的，难道错的真是我们自己？一旦形成固定认知，我们就会做出一些无法想象的行为，让我们失去原本的自我。

在事情发展过程中，情感施暴者如果发现事与愿违，就会认为受害者背叛了自己。除了对受害者贴标签之外，他们最擅长的套路就是：你这样做就是为了伤害我，你一点儿也不关心我的感受。特别是，"你伤了我的心""你让我失望透顶"此类伤感情的话，是从最亲近的家人口中说出来的时候，我们行为的内在指南针将会失去作用，我们对自我的评价会开始动摇，而且，我们会被情感施暴者贴上"冷酷""没用""自私"的标签。如果指控是来自父母，则更令人难以接受，因为

父母是在我们性格形成的关键期陪伴我们的人,是我们智慧与正直品质的榜样。对我们使用二分法这样伎俩的父母,会比任何一个人都更快速地瓦解我们的自信,带来更大的伤害。

2.病态化

病态化原本指的是一个人的身体状况,现在也指一个人的精神状态。在情感软暴力中,当施暴者发现你没有服从他时,他们就会给我们贴上神经质、心术不正、歇斯底里的标签,将我们病态化。

亲密关系中,病态化出现的原因多半是双方在关系中的不平衡,也就是一方要求更多的爱,更多的时间,更多的关注、陪伴、承诺,另一方无法满足时,他们就会开始质疑爱人的能力,以此来进行索取。

情感施暴者经常指控我们无法爱人或维持友谊,不过是因为我们无法像他们爱我们一样,也投入同等的关心和亲密。我们很多人受不了病态化攻击,特别是当我们将亲密关系当作是对精神健康的一种测试时。每当情感施暴者把我们的心理问题或缺点归咎为亲密关系失败的原因,哪怕我们并不认为自己存在心理问题,但是我们还是会受到影响,因为这类指控直击内心。

如果病态化诊断来自一些权威人士,比如,医生、教授等,会更让人相信"你到底有什么问题",我们会更加怀疑自己。

总之，病态化会让我们对自己的记忆、判断、智商和人格产生怀疑，会让我们开始不信任自己的精神状态。

3.联合阵线

当情感施暴者单打独斗无法奏效的时候，就会去找帮手，比如家人、朋友，让他们跟自己站在统一战线、为他们提供支持，以此证明自己是对的。

情感施暴者太了解我们了，他们知道我们最在意谁、知道我们的软肋，他们会将这些人全部笼络过去，让我们倍感孤独和挫败。而且当我们从我们信任和尊敬的长辈口中听到和情感施暴者一样的话语时，我们会有更大的压力。

另外，当你明确表示朋友和家人都无法逼你屈服的时候，施暴者就可能会请出一些至高无上的权威。比如，专家、教授或是其他知识或技能领域的代表，来向你施压，"我修过的一门课就说……""××说过这么一句话……"

虽然每个人所认可的价值观都不尽相同，但是情感施暴者就是会从各处引用各种论据、评论、经验和文章，只是为了向你说明：真理只有一个，就是他们的观点！

4.消极比较

从小到大听得最多的一句话，应该是这句"你看看人家"。这句话带有很大的情绪张力，深深地联结着我们的自我怀疑和恐惧之心。情感施暴者通常会拿另一个人做完美标准，与他们相比，我们浑身上下都是缺点。

而且，父母口中的别人家孩子，选定的就是比你强的，比你有明显优势的那些孩子。比如，你分数89分，妈妈说你要向考99分的人看齐。你说还有人考不及格的，妈妈就说你怎么能和不及格的比？你说有的才60多分呢，妈妈说别人家里有矿，我们家徒四壁，能比吗？

最后是不及格的不能比，刚及格的不可比，和自己差不多的不用比，只能和考99分、100分的比较。

又如，过节回家，比工作稳定，比结婚生子、生二胎，比事业有成、开豪车、住大房子。所以很多人觉得上班压力大，过年回家也不轻松。只有样样都通过了，才不被拿来比较。

这些消极比较会让我们产生自己不够好、不够重视、能力有待加强的想法，让我们充满罪恶感和焦虑感。因为感到焦虑，我们可能会向情感施暴者屈服，以此证明我们没他们说的那么坏。

家庭里，职场里，类似的消极比较比比皆是，这些会营造一种充满嫉妒和竞争压力的氛围。

互相竞争、嫉妒、兄弟姐妹之间的压力以及取悦家长式人物，驱使我们达到甚至超越自己的极限。但是，我们很有可能在试图超越不同需求、才能、环境下设定的高难度标准时，为工作牺牲家庭、兴趣，甚至健康。

　　学习和了解以上四种套路后，相信你应该会更加警惕情感软暴力，坚持自己的需求并且学会拒绝情感施暴者。

情感软暴力

所有的情感软暴力都是由界限感模糊引起的

生活中的你,可能遇到过下面这些事:

"买房钱不够,借点儿呗,反正你存银行也没多少利息,不如借给我。"

"失恋了,出来吃饭唱歌,通宵陪我疯吧。"

"这点儿事你都不帮忙,还是我朋友吗?"

对于这些请求,你答应吧,自己都泥菩萨过江,自身难保;但是不帮吧,人家又开口了,不帮会怪你的,大家都是朋友/亲戚。

现实生活就是这样,人各有各的难处。但是请求帮助的那个人,就好像他/她求助了,别人一定要给予帮助,否则不够朋友、无情无义、太自私这样的帽子就扣在你身上了。

我们的传统教导我们要温良恭俭让,我们很害怕被人说自私,所以面对这样的情感软暴力,大多数人会不情愿地选择妥协。而这种妥协就像是在关系的通道里放了一块石头,时间久了,才发现关系的通道已经被石头封住了。但是你是否想过,造成这种局面你也有不可推卸的责任,因为你对情感施暴者的

第 3 章
深挖情感软暴力的套路，看看他是如何用爱操控你的

妥协，就是鼓励他进行下一次情感软暴力的有力信号。

坦白提要求是没有问题的，正确的做法是积极沟通，双方寻求解决之道。事实上，在沟通的时候就是要让人知道你的具体要求，这样别人才知道你想要什么，需求才更容易得到满足。但是对方是否会满足你的要求，这就是对方的权利了。如果一方用控制手段要求他人必须满足自己的需求，甚至不得不牺牲他人的需求，就变成情感软暴力了。而且这时，你需要确定什么是你想答应和妥协的，什么是你认为不可妥协的。所以说情感软暴力是一个界限感的问题。

例如，你失业了，心情很低落，而你的好朋友升职加薪了，找你分享他的喜悦。可是你听着你朋友的好消息，反而更失落，你做不到由衷地替他感到高兴，于是，你请求他不要在你面前说这些。你没有损害他的利益，也没有威胁他，你有权利选择避开谈论一些话题。可是，如果因为你的朋友升职了，你就要求他给你安排个工作，并认为对方比你成功就有义务接济你，那你就越界了，你就是情感软暴力了。

因此，我们大致能如此总结情感软暴力：企图强迫别人让渡利益办成自己的事情，或者把自己的责任转嫁到他人头上的叫情感软暴力。相应地，应对他人对你的情感软暴力，如果别人对你的控诉并不合理，不要屈服于他人强加在你身上的观念。

苏珊·福沃德说：

073

情感软暴力

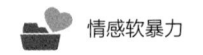

"最令人难受的一点是,它毁灭了我们之间的信任,让我们无法表达出真正的自己,只能与施暴者建立一种浮于表面的关系。"

很多时候,情感施暴者自己都没有注意到他们在实施情感软暴力,他们只是运用自己的一套逻辑,在遇到困难时,向外界寻求帮助。所以,当你发现你正在经历情感软暴力时,也许会自责、内疚、愤怒、悲伤,那都是正常的情绪,不必急于否认情绪,也不必急于去改变他人,我们能改变的只有自己,用明确的态度和坚定的行为保护自己免受伤害。

那么,如何才不会陷入情感软暴力呢?

苏珊·福沃德提出一个非防御性对抗情感软暴力的方法:SOS。非防御性对抗是指,运用一种有节制、温和地表明自己立场的方式,摒弃一些情绪体验,回归理性。

我们就要树立明确的界限感。一旦一个人没有底线地妥协、让步,看上去一切风平浪静,实际上是为下一次更强程度的情感软暴力埋下伏笔。

这一次,对方借你一万块钱不还,下一次他可能会借两万甚至更多。情感软暴力会像个无底洞一样,在每一个施暴者有压力的时刻,向你伸出魔爪。

在分析施暴者时,我们提到了一个词"恐惧"。其实,在受害者身上,也有恐惧:恐惧冲突、恐惧被否定、恐惧被抛弃……

　　正是因为这些恐惧的存在，让那些情绪施暴者轻易地抓住了你的脖子，直击你的要害，让你进入到自动化的行为反应模式里面去。

情感软暴力

同情心泛滥，容易遭受情感软暴力

生活中，有这样一些人，他们心地善良，对别人的要求总是有求必应，情愿自己受委屈，情愿自己牺牲，也要满足别人；当自己有困难的时候，也从不求助于他人；他们宁愿背地里哭泣，也要把欢笑留给别人；如果有人不同意，他们会立刻觉得自己的看法是错的。总之，他们最大的特点就是讨好别人，愉悦别人。表面上看，他们是别人眼中的好人，但其实，他们是同情心泛滥，他们害怕因为拒绝别人而影响自己和他人之间的关系。抱着这样的心态，他们对人毫无防备，对于别人的请求更是来者不拒，到最后才发现，原来别人是挖好了"陷阱"让自己跳，悔之而不及。

因此，身为一个社会人，我们必须记住，对他人心怀善意是好事，但同情心泛滥就可能会成为他人进行情感软暴力的对象，使我们陷入困境之中，所以我们要学会拒绝。

大学一毕业，丹丹就进了现在的这家外贸公司。进公司前，很多朋友包括父母都一再地提醒她，做事一定要勤快，对同事要热情，对前辈更要尊重。丹丹深知自己是经过层层选拔进公司的，对这份工作非常珍惜，因此，父母和朋友的话自然"照单全收"了，她下决心要努力做好。

初来乍到的她，对一切都充满好奇，同时也牢记长辈们的叮咛。丹丹从小就性格懦弱、脾气好，只要同事们说几句软话，她都有求必应。"我要去接孩子，真的麻烦你了。""我今天身体不大舒服，你能帮我值班吗？"于是，丹丹就慢慢地成了办公室的值班专业户。另外，一些杂活儿，比如，复印文件、搜查资料、买饮料、取快递……都被丹丹包了，她每天就在这样的杂事堆里忙碌着，所以一直以来，丹丹的待遇还是实习生的标准。后来几次，她尝试着拒绝同事，但同事们怨言不断，更有人说她心机重，与刚来的时候不一样了。

同事们的怨言让丹丹很郁闷，好像自己就应该被他们差遣似的。现状让她非常失望，更不知道该如何改变别人已形成的看法，给自己一个转变的空间。最后，她在那里工作了一年半后，不得不提出了辞职，另谋出路。

从丹丹的职场遭遇中，你要明白，在职场这个复杂的环境里，最好不要做"滥好人"，一旦成了滥好人，你只有逆来顺受地接受同事的所有要求，成为办公室的勤杂工。而你要想改变这种现状，唯一的办法就是：辞职、另谋出路，这也是丹丹后来的选择。

而且,从丹丹的经历中,我们得出一点结论,与人打交道,即使你心地善良,也要收起泛滥的同情心,只有学会拒绝别人,才能有效地保护自己。

美国幽默作家比林曾说过:"一生中的麻烦有一半是由于太快说'是',太慢说'不'。"这就是著名的比林定律。这一定律告诉生活中的每个人,在与人沟通中,要懂得拒绝别人,一旦因为碍于情面而答应他人,很容易让自己陷入被动的境地。

世界著名影星索菲娅·罗兰在她的《生活与爱情》一书中,曾记下查理·卓别林与她最后一次见面时,赠送给她的一句忠告:"你必须学会说'不'。索菲娅,你不会说'不',这是个严重的缺陷。我也很难说出口,但我一旦学会说'不',生活就变得好过多了。"要想在社交活动中取得成功,学会拒绝是必不可少的。

其实,拒绝别人或被别人拒绝,是我们每个人一生中每天都可能经历的事情。也是人生中非常真实的一面。朋友、同事,甚至领导来找你帮忙,但有时他们所提出的要求是你没有能力或不愿意去做的,此时,你就要学会拒绝他们的请求。当然,拒绝绝非简单地说"不行",而要阐明不行的理由,让对方知道你的难处,从而理解你。这样你才不会因为拒绝对方而得罪对方，才不至于影响你们之间的交情。

总之，我们需要记住的是，防人之心不可无。有些事情，你拒绝了，你就远离了危险；你接受了，你可能就给自己埋下了祸端。因此，为了保护自己，你必须懂得拒绝别人。

情感软暴力

威胁孩子，是利用孩子的恐惧心理进行情感软暴力

在亲子教育中，每当父母拿孩子没办法的时候，就会情不自禁地使出"撒手锏"——威胁孩子。其实，这里之所以给撒手锏三个字加上双引号，是因为它也是情感软暴力的方法，但是这一方法并不能真正起到作用，反而因为用得不合时宜，或者次数过于频繁，而导致效果大打折扣，甚至事与愿违。

父母每天与孩子朝夕相处，总是会与孩子之间发生各种争执和矛盾。尤其是一些难以管教的孩子，他们要么学习不认真、成绩不理想，要么总是惹祸，导致父母被激怒。在这种情况下，父母根本无法控制自己的情绪，在怒火中烧的状态下，父母往往会歇斯底里地威胁孩子："你这次再不努力，我就不要你了！""如果你还不闭嘴，我会丢掉你的宠物！"这些威胁的话看起来外强中干，气势上很吓人，实际上总是与父母过招的孩子知道，这些话恰恰流露出父母的无奈。每当听到父母开始放出这样的"狠话"，一些孩子可能会选择妥协，父母以为自己在这场博弈中获胜了，实际上，他们没有发现，孩子的自尊、自信都受到了严重的打击。当然，也有一些孩子根本不

第 3 章
深挖情感软暴力的套路，看看他是如何用爱操控你的

理睬父母的威胁，父母越威胁，他们越对着干。很明显，这种情况下，父母的情感软暴力并没有任何意义。

对于第一种情况，会导致孩子与父母疏远。这是因为孩子虽然还小，却也爱面子，而且自尊心还很强烈。如果父母总是不顾孩子的颜面，训斥和威胁孩子，孩子就会渐渐疏远你，而在被孩子疏远之后，再想修复亲子关系就需要付出很大的努力。

对于第二种情况，作为父母，在用多了这样的话却毫无成效之后，也难免会质疑自己：我这样说真的有用吗？还记得《狼来了》的故事吗？把没有用的话连续说两遍，就连骗人都做不到了。明智的父母不会总是这样威胁孩子，因为他们知道这样说话非但不能震慑孩子，反而会降低自己在孩子面前的威信。

从以上两个方面进行分析，威胁孩子绝不是好方法。父母必须控制住自身的情绪，驾驭愤怒，这样才能更好地与孩子沟通，才能正确地教育和引导孩子。下面这个案例就是一个生动的反面例子。

周末，妈妈带着妞妞一起去姑姑家里玩耍。一到姑姑家，妞妞就与表妹小岚玩得不亦乐乎。她们小姐妹已经几个月没有见面了，彼此非常想念。一直到吃午饭的时间，姑姑已经把丰

081

盛的饭菜摆放在桌子上了,妞妞还是不愿意坐到桌子旁吃饭。在妞妞的带动下,小岚也不肯吃饭。妈妈在劝妞妞,姑姑在劝小岚,眼看着桌子上的饭菜都要凉了,妈妈无奈之余,气狠狠地对妞妞说:"妞妞,你已经是大姑娘了,要给妹妹当榜样。我好言好语劝了你这么长时间,给足了你面子,你可不要太过分,否则我一会儿就给你丢在路上。"

听了妈妈的话,妞妞眼含泪水地坐在餐桌旁乖乖吃饭,其间一言不发,吃了饭就要求回家,不愿意再留在姑姑家里玩了。姑姑觉察到妞妞的情绪异常,提醒妈妈:"嫂子,妞妞是不是生气了?"妈妈当着妞妞的面,对姑姑说:"别理她,就是欠教育型的,看我回家怎么收拾她。"回到家里,妈妈当然没有教育妞妞,但是当妈妈再次提出要带着妞妞串门的时候,妞妞无论如何也不和妈妈一起去了。

妈妈当着姑姑和小岚妹妹的面威胁妞妞,让妞妞感到自己如果不听话会被妈妈丢弃,这正是一种情感软暴力,正是因为如此,她才不愿意在姑姑家里待下去,勉强吃了饭,就吵闹着要回家。妈妈非但没有意识到问题所在,反而又当着姑姑的面对妞妞说狠话,也难怪妞妞以后再也不愿意和妈妈一起去串门了呢!

孩子的内心都是敏感脆弱的,他们渴望被父母肯定、被父母爱，不管孩子犯了什么错误，父母在和孩子沟通的时候，都要注意保护孩子的自尊心，不要动不动威胁孩子，这样既不能解决问题，还会导致孩子缺乏安全感和自信心。既然如此，我们又为何总是口无遮拦地威胁孩子呢？

因此，作为父母，在孩子小的时候，一定要多多体察孩子的情绪和感受，要温言细语地引导和教育孩子，这样才能打开孩子的心扉，走入孩子的内心。俗话说，家和万事兴。在如今的很多家庭里，因为教育而起的矛盾和纷争可不少。如果父母能够理解孩子的情绪和感受，也给予孩子更多的爱与自由，相信孩子一定会更快乐，也会更加感恩父母的包容。

情感软暴力

你看看人家——消极比较是亲子教育的大忌

生活中的很多父母可能有这样一个习惯,喜欢拿自己的孩子与他人比较,总觉得自己的孩子没有人家的优秀,不知不觉地会用其他孩子的优点来和自己孩子的缺点比,嫌自己的孩子不够优秀。于是,他们常常会这样对自己的孩子说:"你看你,怎么这么笨,这点儿小事都做不好,你看你的同学××多懂事。""怎么又考这么差,你看××,回回都是第一名。"……可能这些是家长无心的话,但说的次数多了,难免会留在孩子的心里,对他们造成伤害,久而久之,他们就会像父母认为的那样,也认为自己笨、毫无优点、没有自信心等。也有些孩子,可能会用叛逆来对抗父母。比如,一位妈妈说自己女儿吃饭习惯不好,作息习惯不好,学习习惯不好。经常这样说,她的女儿生气了,直接回了一句:"那你也没有别人家妈妈好。"的确,家长和孩子一样,都不是什么完美的人,我们要做的应该是善于挖掘孩子身上的优点。

其实,作为父母,我们都没有认识到的是,长期对孩子进行消极比较是一种情感软暴力,是对孩子自信、自尊的剥夺,更是亲子教育的大忌。我们来看看下面的案例：

小兰和小颖是很好的朋友。这天，小颖来小兰家玩，小兰妈妈就留小颖在她家吃饭，吃饭期间，自然提到了学习成绩。小颖说自己这次考试又是满分。

一听到小颖这么说，妈妈就开始数落小兰了："你就不能和小颖学学？你的成绩为什么总是那么糟？上次月考竟然有一门不及格，去年还是倒数第十名，像你这样上课注意力不集中，不专心听讲，又不求上进的人，怎么能取得好成绩？回房间好好想想去，我不想看到你这个样子。"

虽然不是第一次遭妈妈训斥，可小兰觉得好没面子，饭也没吃摔门回了自己房间。

生活中，很多孩子有过小兰这样的"待遇"。一些妈妈根本看不到孩子的进步，总是拿孩子的缺点说，还当着其他人的面，这让孩子的自尊心受到严重的伤害。

其实，做父母的都爱自己的孩子，拿自己的孩子和别人家的孩子对比，也是出于善意，希望他们能向优秀的孩子学习，超越别人，为我们争光争气。但是，有时候善心也会做坏事，爱孩子，就不要拿自己的孩子与他人作比较。任何一个孩子，都会反感父母将自己和其他人进行比较。

不过，在现实的家庭教育中，我们发现，不少家长喜欢拿自己孩子与其他孩子比较，并且屡试不爽。为此，我们要认识到，爱孩子也要注意教育方式。具体来说，在家庭教育中，我们需要注意：

1.看到孩子的优点，赞扬他

家长对孩子的期望态度一样会影响到他。如果你认为你的孩子是优秀的，那他就会按照你的期望去做，甚至会全力以赴让自己变得优秀起来；而反过来，如果你总是挑他的缺点、毛病，那他就会产生一种错觉：我不是好孩子，爸爸妈妈不喜欢我，我好不了了。因此，家长积极的期望和心理暗示对孩子很重要。

对于孩子来说，他们最亲近、最信任的人是他们的父母，因此，家长对他们的暗示的影响是巨大的，如果他们能长时间收到来自家长的积极的肯定、鼓励、赞许，那么，他们就会变得自信、积极。相反，如果他们收到的是一些消极的暗示，那么，他们就会变得消极悲观。

2.即使批评也要顾及孩子的面子

心理学家曾经做过一个调查，调查题目为"孩子最怕什么"，结果表明：孩子最怕的并不是学习，并不是生活艰难，而是怕被打击，怕没面子。

的确，随着孩子的成长，他们的独立意识已经开始萌芽，也开始在意别人的评价,而他们最在意的是父母的看法。

一些性格敏感的孩子,自尊心更强,更爱面子,作为家长,我们不要总是拿自己的孩子和别人家的作对比,这样孩子会感觉没面子,也不要当着很多人的面说孩子的缺点、数落孩子,因为孩子每一个行为都是有原因的。这是由他的心理生理年龄特点所决定的。也许这些批评、数落在成人看来是微不足道的,但在孩子的眼里那是很严重的事情,不了解原因当众批评他,非但不能解决问题,反而会使问题变得更糟,使孩子产生逆反抵触情绪,导致对孩子的教育很难继续下去。

3.根据自己孩子的特点进行教育

任何家长都不要拿自己的孩子和其他孩子对比,而要根据自己孩子的特点进行教育。例如,你的孩子脑子迟钝一些,教育孩子笨鸟先飞,多卖些力。孩子有了进步,就应该鼓励。只要孩子付出了努力,已经尽其所能,父母就不要提出过高的要求。

总之,聪明的家长要明白,任何人都渴望被赏识和赞扬,我们的孩子也是。为此,无论何时,我们都不能拿自己的孩子和其他孩子进行对比,而要看到他们的优点,并给予他们鼓励,相信你的孩子会变得优秀。

情感软暴力

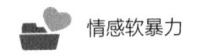

校园排挤，是一种情感软暴力现象

校园集群是中小学校园中常见的心理和行为现象。的确，很多进入学校的孩子会根据自己的喜好亲近和远离同伴，无论是男生还是女生，都能在自己结交的小团体中找到安全感。如果是无意的，倒也正常，但如果刻意排挤和孤立某位同学，就是校园排斥，这是校园欺凌的惯用手段，是一种情感软暴力现象。不少在学校有"势力"的学生为了让那些学习、长相或者家庭环境不好的学生"臣服"于自己，会联合自己的小团体孤立他，使其无法获得良好的同学关系，也打击其学习的自信心。那些被排挤的学生常常独来独往、性格内向、不善交际，而且他们很少有求助于老师或家长的意识。

校园排斥是一种长期的、发生率较高的客观存在，校园排斥与校园霸凌相比显得更隐性、更'温和'、更持久。

一个周五的最后一节课，语文老师给大家布置了一篇话题作文，题目是"我最烦恼的事"。第二周的作文课上，老师点评了一篇作文，是班上一个学习成绩较好的女生写的，其中有

第 3 章
深挖情感软暴力的套路，看看他是如何用爱操控你的

这么一段：

"我是一个女生，我认为我性格还算外向的，长相虽然算不上出众，但是自我感觉还可以。学习也不错，班里前十名，可是就是人缘不好，男生还好点儿，尤其是女生，好像都很反感我。看到她们在一起玩，我也想去，可是不知道怎样加入她们。有次我尝试走过去，有个女同学赶紧说：'高攀不起，学霸。'我还听我朋友说，她的同桌跟她说比较反感我，也没有说原因，还说不许我那个好朋友告诉我。我虽然知道了，可是很无奈，也许是我说话的缘故吧，因为我真的不知道该怎样和女生们交谈，怎样才能让别的同学喜欢和自己说话，有共同语言。我到底该怎么办？"

老师念完以后，班上已经哗然一片了，因为虽然老师没说出这个女孩的名字，但同学们已经猜到了。老师补充道："我把这篇作文读出来，并不是说这篇作文写得好差的关系，也不是对这个女同学有任何的意见，只是为了引起一个重视。希望所有同学，以后不管怎样，都要相亲相爱，毕竟我们这是一个集体，我不希望有任何同学感到这个集体很冷漠。"

这次作文课上完后，那个女孩好像得罪了很多人，和她说话的人更少了。

不受同学欢迎、人缘差，这的确是困扰很多孩子的一个问

题。每一个孩子都希望自己受大家的欢迎，能融入到周围同学中。然而，我们发现，在校园中，学生之间相互排挤的现象并不少见。

某大学曾经举办了一次关于中学生校园排斥的课题研究活动，课题小队通过在两座城市发放1000份实体问卷，得出了一些普遍结论，比如：情绪稳定和校园排斥并无直接关联，自尊过强和过弱的人受到的排斥程度更大，男性比女性受到的排斥更强……

他们还抽取4位来自不同学校、年龄和性别各不相同的受害者进行访谈，通过问题设计和背景追踪，找到佐证以上结论的线索：男性对自己受到排斥的认知度不高，因"玩笑"常常越界被排斥；在排斥中自尊过强其实就是自尊过弱；很多时候，排斥并不直接作用于性格，而是通过心理暗示改变受害者性格……

我们发现，校园排斥常常被归因为被排斥者性格问题而致的不合群、融入性差，来自外界的人为因素常常被忽略或轻视，群体中的众多"第三方"也更难引起警觉及产生援助或施救的愿望。

的确，学校和家庭在校园排斥现象中应该起到一定作用。要解决校园排斥问题，学校需要及时了解学生群体中的领袖的话语和行事作风，需要关注情绪或行为异常的学生，鼓励表达，了解成因，根据年龄特点开展专题团队辅导，修正学生团体的互动模式，重构团队文化，同时视情况进行个别辅导，创设情境，示范与演练应对策略。

老师和家长的介入需要有策略性，重在预防性的教育引导，让学生团体中的相关人员都能明确相处之道，建立共同遵守的规则，了解彼此在人际互动中的可接受行为的底线和边界，平等友好地互相督促。而作为学生，当你被排挤后，也可以和父母老师多沟通，倾诉自己的烦恼，让老师和家长帮助你走出困扰。

第 4 章

洞悉施暴者的心理：错误的"绑架逻辑"是如何形成的

一些人提到情感软暴力，就想到自己是如何被"压榨"和"受伤"的，甚至将施暴者放到了自己的对立面。但其实，你不知道的是，这些施暴者也是这场不健康关系中的受害者，他们内心缺乏爱，需要被认可、被接纳，一旦这些需求得不到满足，他们就想要通过"控制"和"索取"来证明自己是被爱和值得被爱的。这种不健康的心理需求有很多原因，挖掘和了解这些原因后，相信我们能对他们有更多的理解与谅解。

情感软暴力

被拒绝=不被爱和不值得被爱

"啪"的一声,茶杯被掷在地上,响亮地碎裂。静静下意识地"啊"了一声,捂住了嘴巴。

妈妈在掷出这个杯子之后,瘫坐在沙发上哭了,她声音哽咽地对静静说:"你为什么一定要跟他结婚呢?将来他农村老家的亲戚会把你束缚住,那个时候可别怪我今天没有拦着你!"

静静的泪也落了下来。妈妈有心脏病,她一直生活在过去的经验里,也生活在自己的不幸里——她的老公、静静的爸爸就来自穷困的农村,她绝对不能再让女儿重复她曾经历的苦日子。静静明白妈妈爱自己,可这份爱,苦涩而压抑。

我们都希望,围绕着我们的爱与亲密关系所创造出的,是愉悦,是联结,是靠近,但是很多时候我们发现,原本应该快乐幸福的爱与关系,却是让我们无法呼吸的枷锁。我们不是亲人吗?我们不是彼此相爱吗?为何会彼此折磨,心力耗竭呢?

很多人没有意识到,我们或主动或被动、有意识或无意识地陷进了一种情感软暴力的关系中。"情感软暴力是一种强

第 4 章
洞悉施暴者的心理：错误的"绑架逻辑"是如何形成的

有力的操纵方式，如果我们不顺从他们，他们就会惩罚我们。任何形式的情感软暴力都有一个核心的基本威胁，而且可以用不同的方式来表达：'如果你不按照我的要求做，有你好看的。'"美国心理专家苏珊·福沃德认为，这是人际关系中的软暴力，施暴者知道我们多么渴望爱与被爱、信任与安全，并通过各种方式表达威胁，以获得我们的妥协和让步。

情感软暴力存在于各种亲密关系中，父母和子女之间、恋人或夫妻之间、亲密朋友之间以及上司和下属之间。一个问题是，情感软暴力并不是一支独舞，一个巴掌拍不响，我们也不是三岁小孩子，却为何如此容易深陷其中，与软暴力共舞？

其实，无论是施暴者还是受害者，之所以陷入情感软暴力的怪圈中，都有其深层次原因。

从施暴者角度来说，他们都有自己的期待，或期待对方能陪自己逛街，或期待对方给自己买车买房，或期待对方猜透自己的内心等。当一个人有期待时，要做的就是通过自己的努力去实现，别人是没有义务来替代的。因为每个人都有自己的事情，也有自己的有限性。然而，施暴者的内心却不是这么认为的。虽然具体的期待各不相同，但都有一个共同点，那就是期待对方能够为自己做些什么。换言之，他们希望对方能为自己的期待负责，而不是自我负责。

当对方不能满足施暴者的期待时，他们会感到很愤怒，甚至会用强硬的手段逼迫对方。而这背后往往是一些不合理信念在作怪：如果他不陪我逛街，说明我不值得被爱；如果他不能为我买房买车，就是不爱我；如果他不能读懂我的小心思，就是不在意我……简言之，被拒绝=不被爱和不值得被爱。这些不合理信念可能源自原生家庭观念的传承，也可能是一些创伤性经验，比如，在与他人相处时有过类似的体验。

所以，一旦遭到拒绝，尤其与过去的悲伤情绪联系到一起时，施暴者就会很恐慌，态度也会变得很强硬，甚至会失去理性，变得歇斯底里。

而受害者之所以会被施暴，也有其自身特质的原因。一方面是界限不清，没有意识到那是对方的期待，自己不必为不能满足对方的期待而内疚、自责。另一方面，受害者也有自己的期待，期待获得对方的认可、感激：我为你付出了这么多，你应该会认可我；没有我，这些事情你可能做不成，所以我很重要；如果不能满足你，我也就失去了价值。简言之，拒绝对方=自己不够好和无价值。

所以，受害者往往会采取妥协和讨好的方式来回应施暴者。他们以为，只有这么做，才可以让对方看到自己的好，才能够维护关系的和平。可以说，施暴者之所以能够"得逞"，离不开受害者的"纵容"。

不管是施暴者还是受害者，他们背后都有一种强烈的恐惧感，这也是亲密关系中最容易和最常出现的情绪体验。每个人都期待被爱、被看见以及被认可，同样的，我们也会恐惧不被看见、不被认可以及被遗弃。施暴者害怕对方不再爱自己，不再愿意为自己做什么，于是不断地提出各种要求。而受害者则害怕自己做得不够好，对方会嫌弃甚至离开自己，于是拼命满足对方的一个又一个要求。

在恐惧中，一方不断地索取，另一方不断地满足。表面上看起来，双方好像很互补，关系很和谐，但实际上，关系一天比一天糟糕。因为一直被困在施暴与被施暴的陷阱里，双方都没有意识也没有机会获得成长，也无法真正面对问题。

事实上，我们每个人都要为自己的期待负责，也要有勇气面对自己内心的恐惧和担忧。相信自己是值得被爱的，相信爱和认可不一定要用牺牲来换取，可以一起寻找双方都认可的方式来获得。

当看到情感软暴力背后隐藏的秘密之后，问题也就迎刃而解了。

情感软暴力

缺爱的人，更容易对他人进行情感软暴力

在我们的日常生活中，有这样一些人，他们看起来十分温顺、阳光、很容易接近，但他们并不快乐，也不容易相处。他们从小就没有被人好好爱，长大了也不能好好爱自己，他们的内心总是敏感多疑、缺乏安全感，而且更容易被人支配，依赖他人，无法成就自我，这类人就是我们经常说的缺爱的人。比如，一些女性在原生家庭里没有感受到父母的爱，在成年后，很容易因为异性的一点儿"小恩小惠"而被骗。也有一些女性在恋爱或婚姻后，因为缺爱而过度依恋爱人，总是对恋人过度索取，这就是情感软暴力。

那么，缺爱都有哪些典型表现呢？

1.不敢直视内心真正的欲望

缺爱的人由于有个不被爱的童年或者在初入社会时曾多次"被拒绝"，于是这种经历就会导致其内心潜移默化地自我欺骗。

每当自己内心真正的喜好被点燃时，他们都会习惯性地进行否定和压制，会告诉自己，其实"我不需要"。但事实上，

这只是因为内心深处明白这些"欲望"没有满足的前提条件，所以与其最后是场空欢喜，不如一开始就不要。

2.别人对自己好一分，自己能回报十分

缺爱的人往往更重视人际关系，他们的内心，因为长期缺爱，就像缺水的植物，一旦找到水源，就会紧紧地抓住不放手。

缺爱的人内心压抑了太久时间，很希望有个人可以理解他们。因此，只要有人对缺爱的人稍稍好点儿，他们便会对对方掏心掏肺。

3.脆弱

在困难面前，他们没有能力应对，常常怀疑自己，认为自己一无是处，这种自我否定感会进一步把他们往幻想的世界里推，因为在那里他们可以是完美的。

4.强烈的控制欲和囤积欲

因为缺爱，所以内心充满了恐惧和不安，久而久之，就会演化成一种控制欲。缺爱的人总喜欢掌控身边的人，也喜欢掌控感情，希望对方永远在身边，因为只有这样，他们才有安全感。

然而，这种控制欲往往会导致感情的破裂，让缺爱的人再次受到伤害，受伤越多，控制欲越强，形成恶性循环。

5.过度迎合或者取悦别人

在日常的人际交往中,缺爱的人往往会过度迎合或者取悦别人,他们说话做事总是小心翼翼的,害怕冒犯别人,而且内心敏感,喜欢观察他人的表情来猜测其内心,不敢与他人发生冲突等。

缺爱的人一般心理比较脆弱,容易将情感寄托在他人身上,所以才会有这种现象。

然而,缺爱的人要想改变自己,最好的方式就是好好爱自己,即先爱自己,不压抑自己,自己做自己内在的父母,好好爱自己内在的小孩。

比如,你可以在物质上先满足自己,然后去到现实的关系中"锻炼",去表达自己的真情实感、喜怒哀乐,慢慢地你的自我就会变得丰富和充盈。到那时候,你不仅不缺爱了,也有能力爱别人了,而且,你自己也愿意和别人在一起,别人亦如是!

我们都要记住,在人生的旅途中没有人可以陪伴你走完一生,除了你自己!因此,千万不要无私地把爱全部放在别人身上,这样看似成了好人,但最终只会苦了自己。我们该拿出一点点时间来爱自己,爱自己的容颜,也要爱自己的身体,唯有如此,生活才能多一分信心与勇气,少一分无奈与孤独。但爱自己绝非苟且放纵,孤芳自赏。看那深谷的幽兰,即便无人采

第4章
洞悉施暴者的心理：错误的"绑架逻辑"是如何形成的

摘，甚至看不见自己水中的倒影，它亦会开出最美的花，弥漫最幽雅的清香，千百年来，花开花落，悠然自得……

具体来说，要学会爱自己，你就必须做到：

第一，爱自己，就要先了解自己、相信自己，而没有必要过于自谦。

过于自谦，会让人不自信，会让人越来越自卑、越来越猥琐。因此，不论自己活得伟大还是渺小，你都要相信，你是唯一的，你是一个有价值、值得被爱的人；也不论别人怎么看你，你都要骄傲地挺胸抬头往前走，以自己特有的姿态去赢得世人注视的目光。这样你就会觉得自己是那样地受到上天的恩宠，是那样幸福地生活在这个世界上。这是一份开放的心境，更是你快乐的起点。

第二，爱自己，就应该懂得欣赏自己的外表。

其实，不论长得美还是丑，你都无须与别人进行比较，要看到自己的美丽，要发觉自己身上比别人美丽的地方，并大大方方地展示给别人，哪怕这个美丽只是不起眼的眉毛、耳廓、手指、头发、保养得干净细腻的皮肤。只有这样，你才有勇气与人交际，才会真心地爱自己。

第三，爱自己，还应该丰富自己的头脑。

到大自然中去，用心感受年轻时的浪漫；到图书馆去，汲取丰富的知识……只有这样，你才能永远拥有爱。

总之，我们每个人要想让内心充满爱，就要先学会爱自己。就像人们常说的："爱爱你的人如同爱你自己。假使你不爱自己，又怎么爱别人呢？"的确，一个人只有先学会真心地爱自己，才会无私地爱其他人。

第4章
洞悉施暴者的心理：错误的"绑架逻辑"是如何形成的

有控制欲的父母总是"以错误的逻辑"绑架孩子

在这个世界上，有多少父母打着爱孩子的幌子，试图绑架孩子呢？仔细数数，这样的父母多得简直数不清。他们自以为是地代替孩子作出各种决定，剥夺孩子为自己的人生作选择的机会，这看似是在爱孩子，实际上正在以溺爱和强权的控制害孩子。

每当孩子对他们表现出反抗的意识和行为时，他们就会苦口婆心地劝说孩子："爸爸妈妈都是为了你好。"我们来分析下父母是怎样为孩子好的呢？为了保证孩子的安全，父母把孩子关在家里，不让孩子与任何陌生人说话，即使是与家之外熟悉的人在一起，也心怀戒备；为了让孩子学习和掌握更多的技能，父母不由分说地为孩子报名了很多课外班，而从来没有问过孩子真正对什么感兴趣；为了让孩子拥有顺遂如意的一生，父母对孩子的每个人生阶段都进行了精密的安排，只允许孩子按照父母的计划走下去，而不允许孩子有任何自己的想法……渐渐地，孩子变成了父母爱的傀儡，从来没有自己的思想和主见，也无力与父母的强行安排抗争。

这样的孩子尽管长大了,却成为离不开父母的巨婴,因为他们已经习惯了由父母打点好一切。当有朝一日,父母老了,需要孩子支撑起这个家庭,却发现孩子非常孱弱,根本没有任何能力,而这一切都是因为父母不合时宜的爱。明智的父母不会这样残忍地对待孩子,把已经长大的孩子突然推向残酷的社会,相反,他们会给孩子一个循序渐进的过程,让孩子知道每个人都要承担生活的责任,都要在生活的泥泞中摸爬滚打,既要感受生活的艰难和困苦,也要享受生活的甜蜜和幸福,这样才能说服自己始终坚持下去,对人生不离不弃。

马上就到暑假了,但对于已经进入初中的小宇来说,暑假要比平时上课的时候更忙了。实际上,小宇根本不想过暑假,他更想和往常一样上课,这样至少还有周六日可以过。

妈妈和小宇商量:"小宇,你的学习成绩在班级里只算是中等,尤其是英语,每次都考不了高分。我和爸爸决定拿出两万元积蓄给你报名参加培训班,语文和数学各报一个班,英语嘛,就报名两个班吧,这样才能博采众长。"说着,妈妈还把各个培训班的课程表拿给小宇看。

小宇看完课程表,哭丧着脸对妈妈说:"妈妈,不放假的时候还有个周六日呢,等到了暑假,怎么每周才能休息一天呢!这也太没人性了吧!"

第 4 章
洞悉施暴者的心理：错误的"绑架逻辑"是如何形成的

小宇话音刚落，爸爸就不由分说地说："你这个家伙还有意见了！你知道为了给你报名参加培训班，我和妈妈花了多少钱吗？两万块呀，赶上我们俩两个月的工资了。我们省吃俭用的，每天辛辛苦苦地挣钱，却不敢花钱，还不都是为了你好，把钱花在你的身上了吗！"

听了爸爸的话，小宇哑口无言，他的心正在呐喊：我不想上补习班，你们还是把这个钱用来带我去旅游吧！然而，小宇从来不敢把这样的话说出口，否则又会遭到爸爸妈妈的联合唇枪舌剑。

父母总是说为了孩子好，但是在给孩子报名兴趣班的时候，他们从未想过去了解孩子的兴趣，更没有真正做到尊重孩子的兴趣；父母总是说为了孩子好，但是不管大事小情，他们都会不由分说地代替孩子做主，从来没有想过孩子要想有更好的成长，必须学会自己拿主意；父母总是说为了孩子好，但是当孩子和喜欢的朋友在一起玩耍时，就是因为那个朋友不符合父母"五好"的标准，父母就严令禁止孩子继续维持这段友谊……看着日渐孤独和沉默的孩子，父母从来不知道去主动了解孩子真正需要的是什么，真正渴望的又是怎样的生活。

有太多的父母生养了孩子，就自认为是孩子的恩人，也是孩子的主人。打着为了孩子好的旗号，他们从来不与孩子商量，就代替孩子作各种决定，为孩子作各种安排。看起来，孩子在父母的劳心劳神下生活得顺遂如意，而实际上，孩子各个方面的能力并没有得到明显的发展，反而有所退步。

每一位父母都知道孩子要靠着他自己过完这一生，为何又总是这样对孩子亦步亦趋，不愿意放手呢？何不让孩子选择他们喜欢的兴趣班，何不让孩子决定他们今天穿什么衣服、未来去哪一所中学就读。看起来，这些都是生活中的琐碎小事，而正是在这样不断历练的过程中，孩子们才能持续地进步、快速地成长，也才能真正走上属于自己的人生轨道。

具体来说，父母可以这样做：

首先，父母要有与孩子沟通的意识。对于家里的很多事情，父母要征求孩子的意见，毕竟孩子也是家庭成员之一。而对于那些与孩子密切相关的事情，父母更是要尊重孩子的意见，而不要自以为正确，就强迫孩子去做他不愿意做的事情，这样的教育是不会有显著效果的。

其次，父母要心里有孩子。看到这句话，相信很多父母会感到委屈：我们当然是心里有孩子的，我们满心满意都是孩子呀！的确，每一位父母都很爱孩子，这一点不容置疑。但是，真正的爱不仅仅是为孩子提供丰厚的物质条件，而是能够发自内心地尊重孩子，平等地对待孩子。

面对孩子不同的意见，父母是否能够积极地采纳呢？当

第 4 章
洞悉施暴者的心理：错误的"绑架逻辑"是如何形成的

代替孩子作决定或者强迫孩子做某件事情的时候，父母能否考虑到孩子的感受呢？随着不断地成长，孩子的自我意识越来越强，如果父母总是无视孩子的情绪、感受等，那孩子只会渐渐地疏远父母。

然而，要想做到这一切，就需要父母掌握正确的方式方法。比如，父母不妨多问问孩子："你是怎么想的？""你有什么好的建议？""你愿意为爸爸妈妈出谋划策吗？"因为孩子很愿意和父母齐心协力建造美好的家园。因此，父母要给孩子机会参与家庭事务，也要尊重和认可孩子，这样孩子才会更加自信，更愿意和父母深入地沟通。

总之，父母不要老是用一句"我都是为了你好"，就堵住孩子的嘴巴。孩子虽然还小，不能独立地生存，但是他们有自己的思想、观点和意识。父母对于孩子再好的设想，都需要孩子去践行和实现。实际上，明智的父母不会随随便便就规划孩子的人生，因为他们很清楚孩子的人生只能孩子自己做主。

情感软暴力

为什么我会朝自己爱的人丢石子、打钉子

了解了情感软暴力的真相后，可能很多人将施暴者放到了自己的对立面，认为自己的痛苦和不快乐都是他们造成的，但其实，大部分的施暴者并不是恶魔，他们很少被内心的邪恶所驱使，相反他们是被心魔所驱使的。他们有的可能有过不幸的童年，遭遇过重大损失，失去了情感依赖的人，成年后，他们依然对挫折敏感，无法面对失去，而且内心充满了恐惧、焦虑和不安全感。为了让自己不再有被拒绝、被忽视、被抛弃的感受，他们以施暴者的身份让自己处于看似强者、掌控者的地位。

小张和女友恋爱一年多了，两人感情很好，很少吵架，于是顺理成章地谈起了订婚的事宜。本来小张认定了女友是一生所爱，但是自从开始准备订婚的事情后，女友就变得过分黏人。

前阵子，小张因为工作要去外地出差几天，女友就神情哀伤，一副可怜巴巴的委屈样子说："你不会是因为烦我了才出

第 4 章
洞悉施暴者的心理：错误的"绑架逻辑"是如何形成的

去的吧？你是不是不爱我了？"就连小张平常出去跟朋友吃饭喝酒或者去打个篮球，她都不乐意。

女友以前也经常跟朋友一起出去玩，但现在小张觉得她就像要挂在他身上似的。而且，女友的所作所为已经让他有些喘不过气了。

女友的这种行为其实不难理解，她因过分地害怕失去感情而想要牢牢地抓紧男友。

那她为什么会这样呢？

小张在跟朋友谈及此事后，朋友建议他和女友的爸爸联系，了解一下女朋友的情感经历。原来，女友在小学时，她妈妈就因病去世了，她突然感觉世界塌了，而爸爸又很忙，根本没有时间照顾她的情绪，于是，小小年纪的她就有了被世界抛弃的恐惧。所以她才会紧紧抓住男友，害怕他和妈妈一样在她充满依恋的时候突然消失掉。

在了解了女友的遭遇，知道女友这样子是因为小时候缺乏爱和安全感后，小张很心疼女友，并决心帮助女友摆脱内心的恐惧感。

小张陪着女友分别给过去的自己写信、跟爸爸聊天、跟妈妈告别、跟咨询师倾诉后，女友明显变得更加有安全感，不再盯着小张不放。她开始学起了瑜伽、烘焙，还加入了户外骑行俱乐部。

从小张的经历中，我们能看到情感施暴者内心的无助。表面上看，他们似乎处于上风位置，实际上是长久地堕入无明、混沌之中。他们不仅伤害了受害者的自尊，剥夺了受害者的健康快乐，还丧失了关系中的安全感和亲密感。试想，当我们必须战战兢兢地和某人交往时，关系中还有什么真诚和亲密可言呢？

那么，通常来说，情感施暴者有哪些心理呢？

1.将他人的拒绝视为受挫，难以容忍挫折出现

世上不如意的事十之八九，受挫对于人的一生而言，本来就是一件稀松平常的事，但情感施暴者对此却无法有正确的心态，他们总是小题大做、过度解读他人的拒绝、内心产生自卑感，而且他们越是自卑，越是想通过控制他人的情感来超越自卑。

2.对期望信心不足，利用一切手段让自己满足获得感

情感施暴者为了保护自尊心，往往会拒绝承认或者深入探究自己到底想要什么。其实，这是因为他们内心缺乏安全感，总认为自己无法通过正确的途径获得自己想要的东西，会表现出兴趣缺缺的样子，但实际上很在乎。而且在他们看来，得不到就是失败，因此，他们会不惜一切手段去得到，以满足自己的获得感。

3.陷于确认偏误心理，形成心理定势

所谓确认偏误，指的是一个人在相信某件事之后，为了证

明自己的理论或者假设性的证据，无论获得了什么信息，他们都会选择自动屏蔽或者排斥，并按照支持自己的想法或逻辑来解读获取的信息，从而推导出一个符合自己意愿的真相，不管这个事实或真相是否武断、片面。

情感施暴者只把眼光放到自己看到的世界，在他们看来，设定惩罚手段对于维系和控制一段情感是有效的，他们时常陷于以自己看见的世界来想象受害者，会把"为你好"作为理由，来合理化自己的软暴力言行，无视和否定受害者，完全不在乎他们的感受。

4.情感施暴者对他人的幼稚举动，源于心中住着一个内在小孩

小时候我们想要一些东西，会用哭闹等方式索取，情感施暴者也一样，在需求得不到满足时，他们的潜意识就是不能输，得不到的东西，哪怕是沿用一些幼稚化的行为，都要想尽办法得到。他们的注意力集中在自己想得到的东西和可采取的手段上，总是想要更多，不计后果。

归根结底，这可能是原生家庭总是满足情感施暴者的各种愿望，导致他们对挫折的忍受度极低，如果稍微不满足，就会大发雷霆甚至崩溃，同时，他们也习惯性地采取大哭或者大怒的方式去满足自己的获得感。

情感软暴力

修复童年创伤，安慰内心受伤的小孩

对于那些情感施暴者而言，他们自身也常常感到痛苦，经常有强烈的无力感、挫折感。其实有这样一些反应，很可能是因为他们有童年创伤，内心住着一个受伤的"内在小孩"。一旦遭遇挫折、痛苦或者挑战，这个内在小孩就会跳出来。所以，修复情感施暴者的心灵，首先你要学会安慰对方那个内在小孩。

教育心理学家称，有童年创伤的人通常有以下特征：

1.内心过于敏感

心理学研究表明，在暴力和压抑家庭环境下成长的人，比同龄人更善于洞察人心，内心也更加敏感多疑。因为长期的压抑和被虐待，让他们过早"成熟"，他们从小就需要通过揣摩别人的心思，来保护自己不受到伤害。而那些成长环境良好的人，在洞察人心方面可能会差很多，同时也不会过度敏感，不会太在意别人的想法。

2.害怕与别人冲突

受到过心理虐待的人，经常不敢表达自己的感受和想法，而这导致他们害怕与他人争执,害怕与人发生矛盾。在日常生活中,他们总是保持中立,战战兢兢,不敢轻易表达自己的观点,也不敢去拒绝他人,往往是委屈自己,不敢作为。

3.不善于与人交流,甚至有社交恐惧

基本上,所有的心理伤害都是因为家庭成员之间交流有问题。如果在亲子关系中,双方交流的方式是威胁的、强制的、缺少尊重的,那么,强势的一方很容易伤害弱势的一方。所以,存在心理创伤的人,大都缺少和别人正常交流的基本能力。而且在人际交往中,往往是讨好、指责、冷漠,同时或多或少有些性格孤僻,害怕与人交往。

4.缺少爱的能力

有些人,一方面无法去爱别人,另一方面也无法去感受和接受别人的爱。他们会下意识排斥去接纳别人,即使与他人建立了亲密关系,他们也往往会感到焦虑不安,恐惧担心。

5.容易伤害到身边的人

一个人童年时如果经常受到父母的伤害,那他很可能会下意识地用伤害别人的方式和他人建立关系。有心理阴影的人,往往充满了攻击性,且为人非常偏激、固执。可怕的是,很多时候他们可能不想去伤害身边的人,可是总会下意识地对别人造成伤害,这让他们很困惑,又无能为力。

存在上面这五个特征的人,一般在早年都受到过比较严重的心理伤害。可能施暴者意识里已经不记得那些事情了，可是它们依然存在，而且会持久地影响着他们的感受和行为。

童年时期，原本应该是我们学会了解自己、与父母家人形成安全稳定的情感联结、探索自己的潜力、并学会照顾自己的时候。可是，当我们回想自己的童年，大部分人可能会发现，在这些事情上，总有一些遗憾。有时，忙碌在工作、学校、家庭还有其他社会责任中，内心的情绪被压抑着，意识不到过去的经历是怎么影响现在的。童年受到忽视、虐待、不被接纳的经历，会影响我们的个人价值，会让我们产生羞耻感、内疚感、脆弱感，与父母之间的"有毒关系"模式，也会延续到往后的人际关系、亲密关系中。如果在家里不被允许表达情感和想法，久而久之，我们可能就会变成一个"没有想法"或"没有感情"的人，会在遇到问题或困难挑战的时候，缺乏持续努力的动力，也会花大量的时间进行自我惩罚、自我责备、自我封闭。

有时候，我们没有意识到，这些应对问题的行为模式，都是幼时与家长相处模式的延伸与演变。因此，要治愈童年创伤给我们带来的影响，首先要做的是：意识到它们的存在，了解它们的发生或反应模式，除此之外，还要做到以下这些：

1.允许自己为"不理想的童年"哀悼

很多成年人心里其实一直对过去的不幸经历难以释怀，觉得是自己的错,因此不断折磨自己。却因为隐藏得很深,表面上看起来好像一点儿事情都没有。一些在创伤性的糟糕环境中生长起来的孩子,为了掩盖自己脆弱的一面,总是会不计代价地逞强,用坏脾气和愤怒武装自己,在面对压力的时候,很难冷静理智地面对。

心理学描述哀悼的完成,需要经过5个阶段:否认、愤怒、讨价还价("为什么?为什么要这样?能不能不要这样?能不能改变?")、沮丧、接纳。给自己足够的耐心,让自己能够慢慢地沿着这个路线,完成对自己从未获得的"理想童年"的哀悼,是成长中很重要的部分。

2.远离会给你带来不幸的人或环境

就像是处于肮脏的环境,会让伤口反复感染,病情反复一样,对于会给我们带来不幸的人,例如,控制不住冲动的、自私的、控制欲强的、缺乏同情心的、对情感麻木不仁的、沉浸于猜疑算计的人,我们要尽可能地远离。一时远离不了,也要学会更好地保护自己,尽量减少伤害,有意培养自我能量,并且积极寻求外界资源帮助。

3.安全感的改善是疗愈关键

拥有不幸童年的人,对于抚育者都有强烈的不信任感,这种不信任感会蔓延到生活中的其他人事关系当中,例如,容易感觉到焦虑,觉得需要控制一切,所有的事情都要按部就班地进行，否则生活就会有一种要分崩离析的感觉；又如，频繁地搬家、换工作、无法维持长久的关系、难以信任任何人，包括朋友和伴侣等。无论是通过自我疗愈，还是心理咨询的方式，去进行改善，安全感的建立都是一个关键问题。

没有得到无条件的爱，就会过度索取爱

人们常说："幸运的人一生都被童年治愈，而不幸的人却要用一生去治愈童年。"一些人在童年时被父母冷漠对待，没有得到爱，就会过度索取爱，那些情感施暴者就是如此，他们希望对方能按照自己的意愿行事，以此来证明自己是永远被爱或者值得被爱的。

孩子天生易于接受爱和温情，孩子首先必须被爱，然后才能爱人。如果孩子本身没有得到爱，他就会缺乏自我意识，依赖性变强，自我中心意识开始作祟，永远也无法形成真我。没有得到无条件的爱，是孩子遭受的最严重的缺失。

小柳是一名高校老师，周围人都说她嫁得不错，男方长得眉清目秀，家里条件也很好，让她的一些小姐妹一度羡慕得不行。可是婚后几年，当大家再次聚在一起时，她表现出憔悴不堪的样子。她泪眼汪汪地向小姐妹们诉说，丈夫已和她分居好几年了，对她和孩子也不管不顾，起因是她总是要求丈夫24小时向她报备行踪，不能有一点儿隐瞒。一次，丈夫和同事

出去喝酒，怕被她知道就撒谎说在办公室加班，结果被小柳逮个正着，两人大吵一架。后来，她的丈夫总是有意躲着她，这让小柳更受不了了，对丈夫的管控更严了，丈夫想离婚，她又不肯，就这样，丈夫直接搬了出去。前阵子，她大病了一场，做了一个手术，婆婆把他叫回来照顾自己，结果他只顾着打游戏，她想喝水还是护士倒给她的。

看着她声泪俱下，大家也义愤填膺，问她干嘛不离婚。她摇摇头，说她会把孩子抚养大，等到他老了，她就可以折磨他了，让他后悔不已。她说她的母亲就是这样过来的，年轻的时候，父亲搬去和村里的寡妇同居，她母亲不仅要受到村里人的嘲笑，还要肩负起养家的重担。后来，她父亲干活摔断了腿，寡妇把他赶了出去，他只好回家了。她母亲虽然接纳了他，却每天对他恶语相向，她父亲只能忍气吞声。她的人生仿佛复制了她母亲的，连作出的选择都是一样的。

父母就像镜子一样，但是有时它并没有照出孩子的价值，反而照出了父母的阴影。父母把自己的阴影投到了孩子的身上，使孩子一辈子都生活在父母的阴影之中。

小柳就是看到父母的每日争吵，父亲决绝地离开了她们，还有母亲的怨恨、母亲的眼泪都深深地刻在了她的心里。她内在的小孩有被抛弃的感觉，她潜意识里认定男人都是坏的，都

第 4 章
洞悉施暴者的心理：错误的"绑架逻辑"是如何形成的

是负心汉。

而在与丈夫发展亲密关系时，她呈现的也是一种抛弃和被抛弃的关系。她给自己"内定"了被抛弃的命运，所以她在被她的老公抛弃时，反而格外坚强，而且从未想过要离开他。

因为小时候没有被父母善待，所以我们的内心一直想要找寻善待我们的"父母"，可是找来找去，最终还是找到了一段和父母一样命运的伴侣关系。

小孩经常听父母说威胁的话，慢慢就形成了一个习惯，觉得有人对自己施一点儿虐，这个关系才叫亲密关系，因为我父母就是这样做的呀。

夫妻关系只是内在小孩的一个表现，它能反映出我们的内在小孩是怎样受伤的。童年缺乏被父母无条件的爱，这种关系就会以创伤的方式传递下去，而且这种关系是不由自主的，它只是创伤的延续，也许会让自己的孩子也延续下去。而那些童年时在家庭中没有获得无条件爱的人，在成年后，也无法学会正确地表达爱和付出爱，而这也是很多人在亲密关系中总是进行情感软暴力的原因。

所以恰当、稳定和持续的爱是对孩子内在小孩形成非常重要的三个因素。

那么，未成年人如何在缺乏爱的成长环境中活出新生的自我?

疗愈自己的一个很重要的办法就是了解自己、理解自己、理解某种关系。

（1）要能够了解自己的身体，明白自己身体发出的语言。

（2）在和自己对话的过程中，要多停留在自己和内在的对话中，理解另一个自己。

（3）要注意潜意识传递的信息。

（4）为自己找一个类似镜子的客体。如果你的父母不是一面好的镜子，你就需要在你的生活中去找这样的一个人。

一个有创伤的内在小孩会对一个人的一生和人生的方方面面造成极大的影响，会决定他们的命运走向，甚至决定他们孩子的命运走向。

所以，直面自己的内在小孩，识别自己曾经有过的创伤，和父母、家人建立爱的关系，不仅可以让我们不断调整自己，发展新的关系，还可以让我们通过疗愈创伤获得新的生活经验和新的领悟，带着健康的内心小孩开启新生。

第 5 章
了解受害者的价值观:"不"为什么如此难以开口

任何人都生活在一定的集体中,我们渴望得到认同和尊重,这是安全感的重要来源。但是真正的安全感,源于自我认同,一个人如果连自己都不认同,就会向外探索,比如,顺从他人、听从他人的意见、对他人的要求来者不拒等,这样的人,无法真正独立自主。任何人,只有做到自我认同,学会正确地评价自己,才能获得勇气和自信,才能活出自我。

缺乏安全感,总是过度依赖他人

生活中,人们经常会提及"安全感"一词,那么,什么是安全感呢?安全感,顾名思义就是人在社会生活中有种稳定的不害怕的感觉,属于个人内在精神需求,对可能出现的对身体或心理的危险或风险的预感,以及个体在处事时的有力/无力感,主要表现为确定感和可控感。

在现代人看来,一个有安全感的人要具备以下特质:淡定、从容、自信、宠辱不惊。他们拥有极高水平的自我认同,具备一套完善的自我调节系统,而且始终坚持做自己,无论外界的眼光如何,他们都有自己独特的世界观、人生观和价值观,从不因为自己与别人不同而怀疑自己。总的来说,有安全感的人,他们的内心是有力量的,而力量的来源在于他们自身。因此,我们可以说,人的安全感也来自自己,而不是其他的任何人。相反,如果把安全感的来源放到其他任何人身上,那么,他们的人生就是悲哀的。一旦失去了对他人的依赖,他们就会陷入深深的困惑、不安和焦虑中,这样的人很难立足社会,别说给自己充足的安全感了。

事实上，那些缺乏安全感的人在人际关系上更容易成为受害者，对于他们来说，获得周围人的善意是非常必要的。他们从小养成的认知告诉他们，如果不懂事、不乖巧、不顺从，他们就会失去他人的好感，因此，他们必须遵守规则，必须善解人意。

心理学家认为，没有安全感的人无法像婴儿一样率性地做事和与人交往，他们总是有被遗弃的焦虑，在成年后，他们的行为举止会表现得特别好且经常帮助他人，但是他们内心的不安全感让他们无论是在工作还是与人交往，总是处于忧虑和害怕之中。

实际上，我们的生活中有很多这样的人，他们外在条件并不差，但是内心缺乏安全感，他们对小事格外敏感，总是过分在意他人对自己的看法和态度，因为不自信，他们自怨自艾，因为不自信，他们失去了很多表现自己的机会，给自己留下遗憾。

要克服依赖心理，可采取以下几个方法：

1.要充分认识到依赖心理的危害

依赖意味着放弃对自我的主宰，不能形成自己独立的人格，容易失去自我，放弃对自己大脑的支配权。这样的人往往表现出没有主见，缺乏自信，总觉得自己能力不足，甘愿置身于从属地位。宁愿放弃自己的个人趣味、人生观，只要能找到一座靠山，时刻得到别人的温情就心满意足了。

2.要增强自控能力

对自主意识强的事件，以后遇到同类情况应坚持做。对自主意识中等的事件，应提出改进方法，并在以后的行动中逐步实施。对自主意识较差的事件，可以通过提高自我控制能力来提高自主意识。

3.要在生活中树立行动的勇气，恢复自信心

自己能做的事一定要自己做，自己没做过的事要锻炼，并正确地评价自己。

的确，依赖性过强的人需要独立时，可能对正常的生活、工作都感到很吃力，内心缺乏安全感，时常感到恐惧、焦虑、担心，但只有戒掉这一心魔，才会成为一个独立自主的人。

4.重建个体的勇气

咨询心理学研究表明，想要重建个体的勇气，个体可以通过选做一些略带冒险的事，每周做一项。例如，周末独自一人到附近的风景区进行短途旅行，而且这一日不论什么事情，绝不依赖他人。心理学研究表明，通过做这些事情，可以逐渐增加个体的勇气，改变个体事事依赖他人的习惯。

5.克服依赖习惯

对于依赖者来说，如果没有他人大量的建议和保证，就不能对日常事情作出决策，总是希望别人为自己作大多数的重要

决定。

当依赖成为一种习惯时，对人心理的影响就会达到根深蒂固的地步。因此，我们要学会分析自己的行为中哪些应当依靠他人，哪些应由自己决定和把握，从而自觉减少习惯性依赖心理，增强自己作出正确主张的能力。想要摆脱对他人的依赖，就要在做任何事，遇到任何问题时，自己能解决的就自己解决，实在不能解决的再让别人帮忙，他主动帮你，就告诉他：不用了，我可以。时间长了，你就能逐渐减少对他人的依赖心理。

6.离开让你依赖的人

最简单的方法就是离开那个让你依赖的人，让你依赖的环境，这样你就会被迫成长起来了。毕竟，你虽然不喜欢依赖，但是当你的很多行为因为依赖而变得简单、变得容易，因为依赖而得到好处的时候，你是很难摆脱依赖的。

7.自我认同

很多人由于从小不敢表现自己，不善于与人交流，总认为自己不如别人，知识缺乏，能力不足，笨嘴拙舌，会自主地将自己放在一个比别人低的一个位置，总觉得在别人的光环下遮着自己才安全。因此，总是过多地听取别人的意见以及选择，导致从心理到生理上对别人产生依赖。

8.消除童年的不良印记

发展心理学研究表明，依赖性较强的个体通常缺乏自信，自我意识低下，这与童年期的不良教育在心中留下的自卑痕迹有关。

的确，人性有很多弱点，比如虚荣、自私、嫉妒、盲目等，依赖只是其中的一种，诸如此类的弱点会影响我们的行为和命运。所幸的是，这些弱点虽然与生俱来，很难彻底消除，但是我们可以自己想出办法来克服、抑制或者引导它们朝着有利于自我的方向发展。

总之，真正的安全感源于我们自身。要获得安全感，我们就要做个有自信、有主见的人，要有自己的思想和决断，不要总是依赖别人，只有这样，我们才能获得事业、爱情以及人生的成功。

缺乏自我认同感，就会努力想要获得他人的认同

心理学家认为，每一个人都需要自我认同感，自我认同是戒除心理依赖、成熟独立的前提，但在现实生活中，很多人因为各种各样的原因，尤其是原生家庭中，父母从小给他们贴上了"弱者"的标签，把他们的缺点当成娱乐的对象，对他们大加指责等，让他们产生了"无用感"和"自我否定感"。长期在这种心理状态下成长，怎会有勇气和自信拒绝他人，面对他人的情感软暴力，他们也只能答应，以此获得他人的认同。

如果一个人幼年时一直被家里忽视，那么，当他与其他人打交道时就渴望得到赞赏与认同，而且为了达到这一目的，他们会采取很多方法，比如，讨好别人、答应别人的所有要求等。如果是男孩，情况是非常危险的，甚至会为了获得同伴认同走向违法犯罪的道路；而如果是女孩不被认同和关注，她们会缺乏自信，而且成年后，一旦有男人向她们献殷勤，她们很容易就妥协、投降。

另外，不少人到了青少年阶段后，自我认同感的缺失尤为严重，也许他们在曾经的学校或者低年级时是好学生，被老师

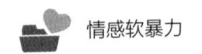

和同学喜欢，总是表现很出色，但是升入高年级或者换了一个学校后，他们就进入了一个新的环境，而新的环境并没有让他们和从前一样展现出自己的优势，这让他们很沮丧。

有一个女孩，她的父母性格软弱，而且他们一直希望自己生的是一个男孩，所以不怎么关注她，而且母亲对女性存在偏见，这直接影响了她的人生态度。偶尔，她也能从父母的谈话中听到父母对她的看法："这孩子一点儿也不讨人喜欢，要是个男孩就好了。"有次，她的母亲收到了一个朋友寄来的信，信中说道："你可以趁着年轻再生一个。"这个女孩看到信中的内容后，深受打击。

几个月后，女孩到乡下去看望一位叔父，认识了村里的一位青年，这名青年是个无业游民。他们谈恋爱后，这位青年便经常要求女孩为他提供钱财，女孩一开始会拿出自己的零花钱、私房钱，但并不能满足青年的欲望。为了证明自己值得被爱，女孩最后铤而走险，去偷父亲的钱包，却被父亲当场逮住。在父亲的逼问下，女孩道出了真相，父亲强迫女孩分手。

二人分手后，她一直忘不掉这件事，久而久之，她便患上了焦虑症，也不敢一个人出门。一旦不被别人赞赏和关注，她就会极度沮丧，产生自暴自弃的念头。因为父母一直想要一个儿子，她没有得到父母的关注，所以为了赢得父母的重视，她经常用病痛来折磨自己，甚至自杀，这让父母很痛苦。

很遗憾的是，这个女孩没有办法明白自己的处境，她认为"不被关注"这件事实在太严重，甚至过分夸大这个问题。

故事中的女孩之所以成为他人施加情感软暴力的对象，是因为她从自己与父母的相处中感受不到被爱而缺乏自我认同感，为了获得认同，她便选择满足青年的要求。

可见，任何人在成长的过程中都需要被关注，都需要被认可和鼓励。那么，我们该如何寻找自我认同感，然后逐步建立起勇气和自信呢？

1.喜欢自己的性别

这是最基础的，只有先获得身份的认同，才能以自己的性别身份生存、生活、与人交往，从而赢得一种自我价值的肯定。你如果不喜欢自己的性别，那么，一定要及时寻求父母和专业人士的帮助。

2.多结交朋友，赢得友谊

当朋友们认可你，帮助你产生归属感，告诉你你是个讨人喜欢的人，而且你从中获得快乐，你的身份认同感就建立了。此时，你会想："和这样的人做朋友，我就是像他们一样的人。"所以，友谊的获得，对于身份认同、建立自信、培养社

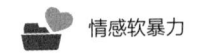

交能力以及给你带来安全感,都是非常重要的。

3.要记住,你不需要让所有人都满意

大多数人有这样的经历:上学的时候,父母总是指着隔壁的孩子说:"瞧瞧人家,成绩多优秀,你得向他看齐。"大学毕业了,父母长辈都说:"还是当个老师,或者考公务员,这才是铁饭碗,其他的都不是什么正当的工作。"工作的时候,上司总是告诉你这样不对,那样不对。我们生活的最初点,似乎都是在让所有人都满意,而从来没有让自己满意过。事实上,我们要懂得这样一个道理:你不需要讨好所有人,只有自己喜欢才是最重要的。

4.做自己喜欢的事

生活中,什么是快乐?其实,快乐很简单,就是做自己喜欢的事情。如果我们太过在意别人的眼光,在这个过程中不自觉地将自己当成焦点,那只会让自己身心疲惫。因此,我们要学会做自己喜欢的事情,学会享受自己的生活,因为没人会在意你做了什么。

5.始终记住:"自信源于成功的暗示,恐惧源于失败的暗示"

要知道,积极的暗示一旦形成,就如同风帆会助你成功;相反,消极的心理暗示一旦形成,又不能及时消除,就会影响一生的成功。

总之,我们任何人都难免出现一些负面消极心态,此时,你要学会及时排解,这样,你才能成为一个自信、勇敢、积极的人。

情感软暴力

害怕被人负面评价，就会焦虑不安

在现实生活中，大概我们每个人都希望能获得周围人的肯定，但我们要明白的是，我们不可能让所有人都喜欢我们，如果我们奢求获得所有人的喜欢，那只是庸人自扰，只会让你焦虑。而对于那些总是被他人情感软暴力的人来说，正是因为他们希望获得他人的认可、正面评价，所以才对他人来者不拒，而一旦被外界负面评价，他们就会烦恼不安和焦虑。实际上，这类人之所以会出现这样的状态，是因为内心缺乏安全感。

哲学家告诉我们，安全感是自己给的，如果别人不喜欢你，即便你如何礼貌地对待他，他都不会立刻对你改观。而且，你不可能让全世界的人都喜欢你，所以以平常心相待便是。诗人但丁也曾说："走自己的路，让别人去说吧。"的确，我们不可能获得所有人的支持和认同，面对他人的不喜欢，我们应该持坦然的态度。

我们不难发现，任何一个内心充实的人，多半是特立独行的，他们从不奢求让所有人喜欢他们，在追求成功的道路上，他们也听到了一些闲言碎语，但他们始终坚持做自己，坚持自己的信念，最终，他们成功了。因此，生活中的我们也要学会明白一个道理：让所有人都喜欢我们是很不成熟的想法，不委曲求全、做好自己，你才能获得快乐。

但是，你如果还在为别人的评价而忧虑的话，那么，你首先需要记住一条处理关系的准则："不要试图让所有人都喜欢你。"因为这不可能，也没必要。

人活于世，就难免会被人评论，其中当然包括语言上的伤害。如果我们能迷糊一点儿，视而不见，那么，对方必当会因为我们的以德报怨而心生惭愧，进而感念我们的宽容和大度，被我们的胸怀所折服。

有一天，在拥挤喧闹的百货大楼里，一位女士愤怒地对售货员说："幸好我没有打算在你们这儿找'礼貌'，因为在这儿根本找不到！"

售货员沉默了一会儿，说："你可不可以让我看看你的样品？"

那位女士愣了一下，笑了。售货员的幽默打破了他们之间的尴尬局面。

可见，当事情弄得很紧张、很严重的时候，我们如果能大度一点儿，放下对方不快的言语对我们造成的伤害，便可巧妙地避免麻烦和纠纷。如果那位售货员对于争吵也采取一种较真的态度，无非更加激化双方的矛盾。正因为意识到这一点，这位售货员巧妙地批评了那位女士的无礼，从而避免了进一步的争论。

其实，只要不存在原则上的对立，就不必有战争，不必有硝烟，不必对抗，更不必老死不相往来。人生需要更多的智慧，只有拥有智慧，我们才能巧妙地解决问题。而且，不以消灭对方或简单暴力结束彼此关系，可以给自己和冲突方最大的回旋余地，何乐而不为？比如，对待一个爱嚼舌根的人，以牙还牙就失去了身份。一笑而过、沉默不语，也未必不是一种很好的还击方法。

另外，无论你怎么做人做事，总是有人欣赏你，让所有人喜欢是件不可能的事，想让所有人讨厌也不那么容易。所以，你绝对不能因此而生气，更不能大动肝火，否则，你只能越描越黑，让他人产生很多无端的猜忌，而你也会因为这些空穴来风的话而大伤脑筋，其实，如果你能懂得放下的智慧，凡事不做过多的解释，那么，这便是最好的证据和回击的武器。

世界上确实有不少人，你越是努力和他结交，努力帮他忙，他越是不把你放在眼里。反之，如果你做出成绩了，又不狂妄自大，自然能赢得别人的敬重。

总的来说，不少人因为害怕被人负面评价而心生不安，但你需要明白的是,即使你做得再完美无缺、也没有招惹任何人,仍然会有人看不惯你,仍然会有很多不利于你的传言。对此,你只需要记住一点原则:坦然应对、走好自己的路。

情感软暴力

太在意别人的看法而不自觉地讨好别人

生活中,有的人似乎习惯了讨好别人,且常常成为他人施加情感软暴力的对象,其实,这样的人活得很累。因为过分在意他人的眼光和评价,所以他们不断地苛责自己,他们最常用的方式就是把自己当焦点,注意自己的一言一行,好像有了一点点疏忽,自己就成了大罪人一样。而且,他们不断地讨好身边所有的人,如果看见别人的眼光不一样了,内心就十分恐惧,一种莫名的担心就涌上心头:我是不是做得不够好?

实际上,每个人都有各自的生活方式和言语行为,根本没人在意你今天说了什么,做了什么,千万不要一厢情愿地把自己当成焦点。如果你觉得别人在观察你、注意你、在意你,那也是因为你太过较真了。人们每天都有很多事情需要考虑,他们根本没有多余的时间和精力来观察你到底说了什么,做了什么,或者说哪些事情没做好。只要不是太大的事情,通常情况下,人们是不会在意的。而且,任何人都不会成为大家的焦点,因为每个人的焦点就是他们自己。因此,我们这一生,最重要的就是轻轻松松做好自己,更没必要讨好任何人。

第 5 章
了解受害者的价值观:"不"为什么如此难以开口

小莫是一名歌手,不算大红大紫,但也有一定的人气,现在的她和以前判若两人。

曾经,她经常抱怨自己的生活,经常在一些综艺节目中说:"我的压力太大了,我感觉自己要窒息了,我总是很在意粉丝和媒体对我的评论,我一年发行两张专辑,这样的工作量简直令我崩溃。"以前的工作时间安排得很紧,如果白天上通告做宣传,晚上就要去录音棚完成下一张专辑的录制。这样的生活超出了小莫可以承受的范围,她每天都感觉很累,但是,心中的怨气无处诉说。最后,在内心快要崩溃的时候,她选择了退出歌坛。

这一休息就是四年时间。这四年里,小莫做着自己喜欢的事情,她说:"以前都是大家看我怎么变化,现在是我用自己的脚步来看大家的改变。虽然现在我年纪大了,似乎变得老了一些,但是,年龄并不是我能掩盖得了的东西,我也想永远年轻,但是这就是时间给我的礼物。在成长的过程中,我得到的最大一份礼物是不用费劲去证明,只需要做自己喜欢的东西,跟着自己的步伐。在以后的时间里,如果我能完全坚持自己的选择,那就是最好的生活。"

或许,年龄对于小莫来说,似乎变得大了一些,但是,正是这样一个年龄,给予小莫一个不需要在意任何人眼光的心态。

情感软暴力

最近，小莫重回乐坛，在工作上，她已经与唱片公司达成了一致，不需要拿任何事情炒作新闻，也不需要为了赢得名气而故意多报唱片的数字，自己可以自由自在地唱歌，这是现在小莫很享受的一种状态。她这样告诉所有的媒体："我不在意任何人的眼光，我不是焦点，我只需要做好自己喜欢的事情。"

一个人若是较真地将自己当成了焦点，他就会以人们心目中的标准来要求自己，会很担心自己不能让所有的人满意，害怕在做错一件事之后受到大家的责备。即便没有人会在意，但他们内心已经背负了沉重的包袱，因为太过较真，所以活得很累。

为此，我们要记住两点：

1.你不可能让所有人满意

他人对你的态度可能并不取决于你做了什么，而是取决于他看待这件事的立场，甚至是他当天的心情。众生百态，世俗万象，有观点的差异才是正常的。

2.能定义你的价值的，只有你自己

太在意别人的看法，往往是因为别人的评价会影响他们内心对自己价值的认知。然而，别人既不了解你的全部，也无法对你的人生负责，你的价值需要自己来认定。

第 5 章 了解受害者的价值观:"不"为什么如此难以开口

有过被父母抛弃的恐惧,往往缺乏自信

德国著名心理医生斯蒂芬妮·斯蒂尔在《突围原生家庭》一书中指出:"在原生家庭中,如果孩子的基本心理需求没有得到父母足够的重视和理解,那么,在以后的岁月里,他会采取一切手段,做更多的事情来弥补自己缺失的东西,以至于变得失去理智,情绪失控。"

其中,基本心理需求指的是,关系需求、独立和掌控需求、快乐需求、自我价值和渴望被认可的需求。我们可以将以上四种需求理解成对"自由的情感的需求",如果这一需求得不到满足,我们的心就会生病。而依赖心理的来源除了父母的过度溺爱,还有可能源于童年时代被抛弃的经历。被抛弃过的孩子,往往缺乏自信和安全感,习惯依赖他人,他们会向周围的人进行情感软暴力,即使成年后也是如此。

我们来看看下面的故事:

10岁的桐桐很可爱,无论是谁初次见到她,都会忍不住和她多说几句话。但接下来,桐桐就会表现出很悲伤的样子,无

论你怎么逗她,她都不笑。所以,很少有小伙伴和同学愿意和她玩。

其实,桐桐很可怜,她刚出生不久,父母就离婚了,爸爸把她交给保姆带,而这个保姆除了定时给桐桐做饭外,也不怎么和桐桐说话。现在的桐桐已经形成了一种悲观的性格,她渴望被人关心,渴望和人说话,却在得到关心的瞬间又因害怕失去这份关心而隔绝他人。

从心理学的角度来分析,桐桐之所以容易悲伤,和父母对她的教育有极大关系。她的父母没有给她足够的爱,正是因为对爱的渴望让她逐渐养成了这种悲观失望的性格。

不得不说,孩子都是脆弱的,他们犹如一张白纸,养育者给他们怎样的成长环境,他们就会有什么样的个性、性格。养育者只有细心呵护,他们才会以积极阳光的心态、自信的精神面貌对待生活中的任何事。而如果父母离异,在孩子幼小的心灵里,他们会认为家庭破碎,会缺乏安全感,此时,如果得不到父母的关心,他们就更认为自己会被父母遗弃,幼小的心灵更会蒙上一层阴影,而这会成为他们一生都很难治愈的心灵创伤。我们很多人在成年以后还无法做到精神独立,往往也是因为童年时代的这些负面经历。

第5章
了解受害者的价值观:"不"为什么如此难以开口

月月是个很可爱的孩子,她原本生活在一个衣食无忧的家庭里,她的爸爸是一家公司的高管,母亲是家庭主妇,但就在她七岁的时候,命运和她的家庭开了个玩笑——她的爸爸妈妈离婚了,原因是爸爸出轨。后来,月月由其母亲独自抚养,妈妈把全部希望都寄托在月月身上,要她好好读书,日后成为一个有作为的人。

虽然妈妈对月月寄托了很大的希望,自己省吃俭用供月月读书,但是月月的成绩总是很差。妈妈想尽一切办法帮助月月,可还是不见起色。后来经过观察,妈妈发现跟自己的家庭氛围有关。妈妈性格内向,加上与月月的爸爸离婚,还有生活的压力,所以自己总是愁眉不展,因此,家里总是笼罩着一层沉重的气氛。虽然月月的爸爸偶尔会来看望月月,但和妈妈说不到三句话就开始吵架。在学校的时候,月月也能感觉到周围的人都在嘲笑她,久而久之,月月的心灵也蒙上了阴影,而且总是心事重重的。

对于任何一个成长期的孩子来说,他们都希望有一个完整、和谐的家庭,希望父母相亲相爱,而且在这种环境下成长,他们才会获得真正的快乐。但父母关系破裂、离婚对于心智尚未成熟的孩子来说,确实是一个不小的打击。

当然,我们强调原生家庭的伤害,并不是在否定父母的心血，也不是想让他们为自己在成人阶段的问题负责任，而是想要深度了解父母对自己的影响。因为我们只有了解自己的过去，才能看清现状，并将过去留在过去，重建自我，尤其是对于我们建立自信、学会拒绝情感软暴力大有帮助。因为一个独立的人，首先要学会修复原生家庭带来的创伤。

　　此外，我们也要知道，世上没有完美的父母，就算再爱我们的父母，或多或少也会对我们造成伤害。

听话才会被爱，源自儿时的恐惧

生活中，很多孩子会听到家长这样说："你不听话，妈妈就不爱你了。""你要是考不好，就不是我女儿。""你是全家的希望，你要有出息。"……当这些话经常充斥在他们耳边，他们很可能会产生这样的一些想法："让父母开心是我的责任，我必须努力学习，让他们满意。""父母做的一切都是为了我，我绝不能让他们失望。""我要乖乖的，不然妈妈就不要我了。"……

孩子是分不清真假的，当父母用这样"有条件的爱"来养育和控制他们时，很容易让孩子形成自卑、不认同自我的个性特征。这样的孩子虽然很听话，但是缺乏自我认同感、不自信，甚至在成年以后也不看重自己、对他人顺从、唯唯诺诺，而且一旦遇到一个小小的挫折，他们内心紧绷的弦就容易断裂，甚至产生严重的心理疾病。

有这样一则新闻：

有一个12岁的女孩欲跳海轻生。民警赶到现场发现，一年

情感软暴力

轻女子正哭哭啼啼地对想要跳海的女儿说:"你下来,妈妈错了。"但女孩丝毫不听劝阻,还是跳了下去,所幸被救起,没有生命危险。

原来,这名女孩因为小升初考试成绩不好,被妈妈冷落了三四天,最后经受不住心理压力而选择跳海轻生。事后,记者采访了小女孩,女孩说,妈妈从小就要她必须考第一名,如果考不到第一名,就将她卖到山里。在妈妈的威胁和恐吓下,她从来不敢不听话,也不敢给父母添麻烦。在外人眼里,她特别乖巧听话懂事,但只有她自己知道,她太累了,她不想再这样下去了,而小升初考试的失败更是她选择轻生的导火索。

其实,生活中,很多父母因为不满孩子的学习而"吓唬"孩子,但孩子是分不清真假的,他们能记住的只有父母冰冷刻骨的言语和无形的压力,即使家长只是为了吓唬孩子,但这也透支了孩子对他们的信任。

某中学有个叫小飞的男孩,由于家庭贫困,住在郊区的平房内。父亲原来是工厂的工人,但是在一次车祸后被高位截瘫了,母亲不得不出外打点儿零工。自从那件事之后,小飞就变得内向了,一到吃饭时间,父亲就会说:"小飞,你是全家的希望,以后就指望你了。"为此,小飞努力学习,他觉得自己如果学习不好，就对不起自己的父母，因为父母为了让自己上学付出了很多。但让他不能接受的是，他的成绩在班上只能算中等水平。他每天花费很多时间和精力在学习上，但学习成绩仍然不见提高。他感觉很悲观，甚至对自己的智力有些怀疑。

小飞这种心理的出现，是因为他的爸爸用情感"绑架"了他，形成了对他的控制。看上去好像培养了一个温顺懂事、努力学习的好孩子，其实他们并不懂得，当他们用意志绑架了孩子，孩子就会强迫自己形成一个观念：我绝不能让父母失望，让他们高兴，比我的生命还重要。而一旦自己做得不好，他们就会自我否定和怀疑，甚至会产生严重的心理疾病。

生活中，这样的场景太多了，似乎我们总是伴随着父母这样"有条件的爱"长大的。比如，小时候，我们被恐吓"你再这样，我就不爱你了""你吃饭不规矩，你爷爷奶奶会讨厌你的""再不睡觉，大灰狼就会抓走你""你再哭，妈妈就不要你了"。再大一点儿，我们被恐吓"不好好学习，长大就要掏大粪"。成年后，我们被恐吓"不结婚生子，病了老了都没人照顾你"。

这种恐吓，本质上跟教育没有关系，它起到的只是"逼你服从"的作用。很多时候，对孩子实施控制的父母，更多只是为了满足自己的权力欲，只是想让儿女做一些"让自己看得惯"的选择。而实际上，小孩子的生理、心理发展都需要一个过程，他们对周边世界的理解来自成年人的引导和教育，同时还会加上他们自己的想象。

另外，因为孩子对外界的认知还不清晰，所以"恐吓式的教育"很容易使得孩子分不清楚真正的起因、结果。"恐吓式的教育"强行把A行为和B后果划等号，却没能引导孩子去思考二者之间的因果和逻辑关系，不利于孩子的性格塑造和成长。

比如，我们恐吓孩子"不好好吃饭，就把你扔出去"，孩子出于对"被扔出去"这件事的恐惧，开始好好吃饭。但孩子是在恐惧和缺乏安全感的心情下做了"正确的事"，而很难去思考"好好吃饭"与"自己的身体健康"之间有怎样的因果联系。

缺乏爱和安全感的孩子，他们习惯将自己的行为与他人对自己的爱联系起来，而很难形成自信的性格。更为严重的是，成年后，他们会形成"不优秀不配活着"的观念。而且一旦犯错，他们就会因为承受不了挫折而做出极端的事来。

作为未成年人，如果你也有这样被"有条件的爱"控制的经历，请问问你自己的内心：你是否经常有自我强迫的观念？

如果有这样的感受，请将这些感受记录下来。

始终记住，你是独立的个体，你为自己而活，所以，给自己一点儿时间，重新建立自己的意识。

第 6 章

认识情感软暴力的危害：心理能量的流失让你逐步失去自我

我们都知道，情感软暴力是一种控制和屈从，它不仅会让我们失去自尊，还会影响身心健康，甚至会影响其他人。当然，最明显的伤害就是会严重影响我们和施暴者之间的感情，让我们之间的关系产生裂痕，让我们对彼此的信任荡然无存。因此，我们只有改变了自己，才能从根本上杜绝"情感软暴力"事件的发生。本章内容，我们一起看看情感软暴力有哪些危害。

长期受到情感软暴力对人有什么伤害

情感软暴力虽然不会对我们的生命造成危险，但是会剥夺我们的精神资产——自我完整性。自我完整性反映我们的价值观和道德观，简单地说，就是我们愿意做什么，有什么原则。

高度的自我完整性表现在：我坚守自己的立场；我不让恐惧主宰生活；我敢跟伤害我的人据理力争；我可以决定自己的生活，不会让他人插手；我遵守对自己的承诺；我不会背叛他人。

很多人明白什么事可以做，什么事不能做，但是在情感软暴力的压力下，要坚持自己的原则很难，很多时候，我们只能选择屈服、妥协，这样就丧失了自我完整性。

具体来说，自我完整性的丧失主要表现在以下几点：

1.降低自尊

自尊是对自我价值感的认知，心理学家认为，自我概念有50%是天生的，另外50%是后天习得的。我们原本是想用妥协的方式，换取更加安全、稳定的亲密关系，但是妥协之后，我们更容易受到情感施暴者摆布，降低自尊感。

第6章
认识情感软暴力的危害：心理能量的流失让你逐步失去自我

因为我们用他们的标准来决定自己的生活，衡量自身的价值，为了得到他们的肯定，去迎合他们的标准，放弃了自己的原则，从而做出了违反自我认知的行为，这样就降低了自尊。而且，每次这样的妥协都会让我们陷入从被施暴到降低自尊的恶性循环。

2.失去应有的自信

平时有人监督、敦促是好事，可用情感来绑架你做很多违背自己意愿的事情，时间久了，你便会在妥协中迷失自己，一次次打击你的信心，动摇你的信念，并认为对方的所作所为都是对的。

就算觉得不合理，也愿说服自己，给对方找合理性，最后就变成容易妥协、缺少底线和原则性的人。

黑格尔说：人应尊敬他自己，并应自视能配得上最高尚的东西。而一个容易向别人妥协的人，在无形中否定了自己，就难做到相信自己了。

3.损害幸福感

因为施加情感软暴力的都是身边的人，所以我们经常受到骚扰。

比如，你想做个安静的女子，妈妈说你没找对象怎么这么闲？于是以"为你好"为由拉你进相亲群；

女朋友说你不秒回她信息就是不爱她，于是你一边和几

情感软暴力

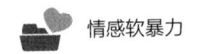

个哥们儿喝茶，一边给女朋友发信息，朋友说你还没结婚就妻管严；

领导说不加班的人，不考虑奖金评比，你只好乖乖加班；

伴侣说不让看手机就说明你有鬼，结果伴侣看到几个异性好友反而疑神疑鬼；

你要离婚，以后就别想见孩子，你为了孩子依然维持没感情的婚姻关系。

你对这一件件的事情都妥协了，还谈何幸福感？因为你连独立、自由、时间及空间都没有！

另外，在情感软暴力的压力下，受害者往往有苦说不出，无法宣泄心中的恐惧、内疚，而这些情绪会损害心理和生理上的健康。

心理上不健康表现在精神上不乐观，易产生抑郁、焦虑、悲观等消极情绪，难以感受生活中的美好。

生理上的不健康表现在疾病上。疾病不一定都是由消极情绪引起的，但是消极情绪会引起人体内分泌失调。

4.影响亲密关系

情感软暴力中存在一个悖论，就是情感施暴者要求得越多，我们付出的时间、精力、感情就越少。这是因为我们不愿在情感施暴者的压力下屈服，不想满足他们的愿望，于是，我们就变成了吝啬情感的小气鬼。

第6章
认识情感软暴力的危害：心理能量的流失让你逐步失去自我

我们能信任别人，是因为我们相信对方心怀善意。可一旦受到情感软暴力，我们就会感到这段关系缺乏安全感。因为他们为了操控我们，漠视了我们的感受，对我们毫不留情。所以，我们会处处提防，不再相信他们会顾及我们的感受，这样就自然无法与他们坦然相处，原本的亲密关系就产生了隔阂。

比如，我们不再与情感施暴者谈论自己的规划、理想，因为情感施暴者会嘲笑、打击我们；也不会向他们倾诉自己的悲伤、恐惧，因为情感施暴者会以此要挟我们。

总之，保持自我完整性是一个孤独的过程，而我们要想让自己接受原先无法接受的行为或观念，首先需要在生理和心理上作出极大的调整。

情感软暴力

情感软暴力让爱变质

我们都知道,情感软暴力不同于肢体暴力,许多关系中出现一次肢体暴力,马上会引起一方的警惕,谨慎地审视这段关系甚至及时止损。而情感软暴力却是一种软刀子,伤害感情于无形,尤其是在良性的亲密关系中。当受害者长期被控制、压榨、丧失自尊后,这段关系已经变质了,分道扬镳只是迟早的事。我们先来看看小林的经历:

小林和男朋友交往三年了,这个男友看起来很是温文尔雅、不暴怒、不乱发脾气,再生气也没有暴力行为,可相处久了却会让人感到窒息。

一直以来,小林也觉得没什么,只是有点儿压抑,直到最近朋友推荐她看了一本关于"情感软暴力"的书,才幡然醒悟。回顾过去的种种,她发现几乎每件事遇到分歧,最终都遵守了男友的意志。

比如,两人商量吃什么,小林想吃火锅,男友想喝海鲜粥。这本是个很正常的分歧,男友却说:"你明知道我这几天感冒，嗓子不舒服，还非要吃火锅，难道你想让我嗓子发炎到说不出话来才舒服？"

他话一出口，小林马上无言以对，再也不敢提任何反对意见。

又如，两人商量给双方妈妈送礼物，在预算有限的情况下，小林想着送两方一样的，或者价钱差不多的。男友却坚持要送自己的妈妈一份更贵的礼物："我妈辛辛苦苦养我长大不容易，而且那么多亲戚看着，我送自己妈妈的礼物那么便宜，置我妈于何地，又置我于何地？难道你想看我被人指着鼻子说，有了媳妇忘了娘？"

小林无话可说，只能又妥协。甚至有时候，小林自己的事情也做不了主。

有一次，小林看中了一件稍微短一点儿的裙子，男友却坚决不许她买。给出的理由也是冠冕堂皇："你穿成这样，别人会对你说三道四，丢的可是我的人，我这面子往哪儿搁？"

话都说到这份儿上，还能说什么，小林只得又算了。

最近一次，男友非要看小林的手机，小林不想给他看，男友就又开始了：

"你要是心里没鬼，怎么不能给我看？

"你是不是心里没我，你压根就不是真心想和我在一起吧？"

情感软暴力

结果可想而知，小林当然交出了手机。

男友不打不骂不发火，但每次都是这样，讲着道理达到了自己的目的，可是细细品来，似乎又有什么不对。

事实上，小林极有可能遭遇到了"情感软暴力"。其实，相爱的两人在生活中产生分歧和矛盾很正常，比如，两个人一起商量吃什么，这好好沟通也很容易得到解决，可小林的伴侣却迅速得出一个结论：你是因为不关心我、不爱我，才决定吃火锅，你是个坏人！对于小林的伴侣来说，也许他在原生家庭中经常感觉不到爱，经常被忽视，以至于当别人不能满足他时，他内心不被爱的感受会被马上激起，他需要用这种方式取得掌控权，取得安全感。

那么，小林会有什么感受呢？

冤枉、委屈，同时也恐惧，恐惧被伴侣抛弃。一次两次，这种委屈没什么，可久而久之，委屈越积越多。渐渐小林会深深地自责、自我怀疑，怀疑自己是不是真的很自私。

于是，两个人屡次陷入这种循环：一方控制，另一方妥协，一方发泄了情绪，另一方受了委屈。在周而复始中，两个人会越来越不想付出感情，最终渐行渐远。

可见，在亲密关系中，情感软暴力会让爱变质，会令你陷在里面动弹不得，令你在被动的气氛中活得压抑。和法律层面中的敲诈勒索罪不同的是，情感施暴者索要的是比财物复杂得多的东西，可以是对方的关怀、付出等情感，也可以是金钱、时间和精力。情感施暴者打着爱的旗号，给自己的行为披上了一层温情脉脉的面纱。

这样看来，任何人要想让一段亲密关系长期发展下去，都要警惕和识别关系中是否存在情感软暴力，因为真正好的感情都是相互尊重、相互珍惜且自由的。任何一方以"爱"的名义绑架对方，都会让爱的天平失衡，会让其走向不健康甚至死亡。

情感软暴力

压抑你的感受,很可能会导致心理变态

日常生活中,我们常常说某个人变态,这只是一句戏谑之言,对于什么是真正的心理变态,人们大概无法给出具体的定义。那么,人们为什么会心理变态呢?心理学家给出的答案是:心理变态者的内心需要与欲望满足没有平衡。

心理学家称,那些遭受情感软暴力的人因为缺乏独立的人格,很难正视自己的需求,而这些需求长时间得不到满足,便导致了心理变态的产生。

比如,在人际关系中,一些人看似是老好人,对人唯唯诺诺、百依百顺,对他人的需求总是有求必应,而自己则看起来无欲无求,但其实,他们只是压抑了自己的需求,如果他们找不到恰当的宣泄途径,可能会出现一些变态行为,比如,偷窥他人隐私、偷盗等。

心理变态又称"心理异常""心理障碍",指人的知觉、思维、情感、智力、意念及人格等心理因素的异常表现。变态或接近变态的心理有很多种,如催眠、梦游、幻觉、性变态以及各种精神病和神经病等。另外,心理变态不光包括这些外显

的、可以被他人察觉出来的活动或精神异常，也包括那些思想、情绪、态度、能力、人格等各方面内隐的异常。

比如，一个人如果在饥饿了几天后，突然看见食物，那么，他很有可能会因为饿疯了而饥不择食，也不管食物的好坏。又如，那些上阵杀敌的战士，在回到祖国的时候，看见鲜美的食物，就狼吞虎咽，到最后，有些人还撑死了。其实，这都是因为他们对于食物的欲望被长时间压抑以后出现了变态反应。

另外，我们发现，一些小孩子也有奇怪的行为，他们喜欢抠墙土吃，挖泥吃，这就是人们说的异食癖。这都是一种被压抑、没被满足的欲望从另外一种变态的角度表现出来了。

世间万事万物都有一个度，人的欲望也是如此。凡事过度，混淆了欲望和需求的定义，就会到一种变态的地步。

其实，一个人是不是变态，我们可以从他的心灵窗户，也就是眼睛来判断。他如果对某个事物产生特别的喜好，那么，他会动心、会兴奋、会不自觉瞳孔放大，也就是人们常说的"出神"。所以，过分地放纵自己的欲望以后，眼睛会开始疲劳，然后会"出神"。我们说养神怎么养，就是通过闭目来养。

总之，人的欲望就是渴望被充实、被满足。有些人认为欲望就是内心的需求，而其实，这是两个概念，我们不可压抑它。一些人之所以心理变态，就是因为他们一味地压抑内心的需求。因为你在压抑需求的同时，它最终会通过其他一些方式发泄出来。同样，对于情感软暴力而言，受害者只有学会拒绝和善于拒绝，不做他人"操控"的对象，才能从正面的途径宣泄需求，避免因过分压抑而影响身心健康。

第6章
认识情感软暴力的危害：心理能量的流失让你逐步失去自我

不自知的情感软暴力会有哪些危害

"情感软暴力"说的是关系之中一个人对另一个人情绪上的控制。在亲密关系之中，我们经常会遇到对方提出一些不合理的要求，这些要求你明明感觉哪里不太对劲，但又不知道如何反抗。比如，与你很相爱的男朋友对你说"你如果真的爱我，就不要穿膝盖以上的裙子"，你为了维系两个人的感情作出让步的时候，就是陷入了一种情感软暴力。他们之所以能一而再，再而三地伤害我们，就是因为对我们进行了让我们不自知的情感软暴力。

你如果觉得"情感软暴力"是个陌生的词，那么来听听这样的句子：

"如果你真的爱我……"

"我为你做了那么多……"

"你怎么会这么自私……"

是不是更熟悉一些？

其实，情感软暴力离我们并不遥远。越是亲近的人，越是容易形成这样的关系。而情感软暴力的受害者一方，因为在

情感软暴力

乎,所以不忍心放手。

这就是为什么很多人对此无力招架,而且影响更深的是,遭受情感软暴力的一方会因此变得不再自信、缺乏自尊自爱,严重的还需要心理治疗,其损害不可小觑。

具体来说,不自知的情感软暴力的危害主要体现在以下两点:

1.让人失去自我的完整性

我们都知道,人是社会化的动物,同时具有只属于自己的人格和思想,而人的自我完整性既包含了健康的人际关系,也包含了独立的人格。

如果一个人的自我完整性比较高,那么,对于外在的人和事,他就能有正确的态度,会不卑不亢,既能维护自己的尊严,又能坚持自己的想法,同时,他还能与他人建立和谐稳固的关系。

对于情感软暴力而言,情况则刚好相反,它会让人失去理智思考的能力,不辨是非,让人陷入自卑的旋涡,只知道唯命是从、讨好别人,会损害其独立的人格,同时还会给亲密关系里的所有成员都带来痛苦。

一段关系之所以能坠入软暴力的陷阱,并不只是其中一方的原因,而是由施暴者和受害者双方的弱点共同造成的。情感软暴力看似以受害者让步、施暴者满足告终,实际上侵害了受害者的自我完整性，也让施暴者的心态更加扭曲，关系中的问题依然没有得到解决。

比如，有的人在和伴侣产生矛盾时，会用"一哭二闹三上吊"这种自我虐待的方式逼对方屈服。但对方屈服后，问题就真的解决了吗？答案当然是否定的，因为问题的根源与矛盾依然在那里。就像火山爆发一样，火山内部的压力越来越大，越积越多，一旦到了真正爆发的那天，就会造成毁灭性的破坏。

2.恶性循环

有个词语叫作"代际传递"。它指的是在家族中，两代人之间的思想观念和行为方式会具有明显的传承性。

心理学研究表明，家族长辈习以为常的情感软暴力也会代际传递，会被子女拿来使用，此时的子女就从受害者变成了施暴者。

在孩子成长的过程中，他们缺乏足够的分辨力，会有样学样，从父母那里学到了情感软暴力的"手段"，并以为这就是最正常和正确的人际交往方法，然后不断地用情感软暴力把自己所关心的人置于痛苦之中，很难拥有一段健康和稳固的亲密关系。

这种代际传递模式就好像一根有毒的藤蔓，不仅缠住了当事人的自我完整性，也无声无息地缠住了下一代的幸福。

要想切断这种缠绕，让下一代走出情感软暴力的旋涡，我们首先就要识别情感施暴者是怎样把受害者拖入这个旋涡的，再通过一些简单的训练学会摆脱情感软暴力的方法。

在情感软暴力中，施暴者是通过三种人人都有的情绪键来控制受害者的。这三种情绪键分别是：恐惧感、责任感和罪恶感。施暴者根据受害者的弱点，一按相对应的按键，受害者就再也反抗不了，只好屈服。

比如，我们经常能看到下面这些对话：

某学生看到同桌考试作弊，同桌威胁他说："要是你说出去了，我就不跟你做朋友了。"

某女孩毕业后留在了大城市工作，打电话回老家时，妈妈委屈地说："你只想着自己，对象也不找、家也不回，我整夜整夜失眠都是因为你！"

某位先生曾与同事暧昧，被妻子发现后，选择改过自新，从此之后，妻子不断"查岗"，一旦这位先生不及时回复，妻子就要挟要带走孩子，要离婚。

不管是在学生时期、成长阶段还是成家立业之后，总有这样的人，当你不能满足他们的心意，他们会找到你的软肋，去操控你。

在这种病态的人际关系中，无论你付出多少，总是被对方

第6章
认识情感软暴力的危害：心理能量的流失让你逐步失去自我

要求给予更多，形成了一个死循环。因此，我们要深入了解情感软暴力的危害，这不仅能引导我们自我反省和学会识别，还能让我们从情感软暴力的死循环中挣脱出来。

情感软暴力

情感软暴力对于良性人际关系是致命的

我们深知，要想在人际交往中获得良好的人际关系，我们就必须学会付出。只会索取，最终会赶走你的朋友。但对于那些习惯了被他人进行情感软暴力的人来说，他们似乎有一个误解：多付出就能有回报。于是，他们经常"单方面付出""对他人的要求来者不拒"，以为自己全心全意为对方做事会使关系更融洽、更密切。可事实并非如此。因为良性的人际关系必须是对等的，无论是付出的一方还是索取的一方，如果没有把握好度，都会使这段关系失衡。

如果好事一次做尽，对方会感到没有预留的心理空间，也就是说，当你做完所有的好事后，你会"黔驴技穷""无所事事"也会使自己陷入被动地位。

一位漂亮的女士结婚不久就离婚了。当大家问起她离婚的原因时，她自己都觉得是天方夜谭。她丈夫在离婚的时候对她说："你对我太好了，我都觉得受不了。"原来，这位女士非常喜欢关心照顾别人，所有的家务都由她一个人包办，弄得丈夫、公公、婆婆觉得像住在别人家里一样。

在单位，她也一样什么事情都抢着做，时间一长，别人都觉得她的勤快是理所应当，只要她稍有松懈，别人就会有意见。慢慢地，她开始不适应单位的工作，只好辞职。

这位女士的做法明显是好事做过了头，这会让接受的人喘不过气来，于是就会产生一种"大恩不言谢"的想法，会期望着某一天也一定要为你提供类似的帮助。但是在没有报恩之前，他人会选择暂时地离开和疏远你，因为他承受不起这份未还清的恩情。

任何一段健康的友谊都需要双方对等的付出，这是平衡人际关系的重要准则。当你为对方付出时，他必定会偿还你，但如果你做得太多、对方已经觉得无力偿还时，那么，他要么选择避开你，要么只会依赖于你的付出。聪明的人在交往中都懂得见好就收的道理，一次只给对方一点儿恩惠，这样会达到让双方感情不断升温的效果。

那么，我们在对别人付出的时候，具体该注意些什么呢？

1.给对方一个回报的机会

社会学家霍曼斯曾经提出，人与人之间的交往本质上是一种社会交换，这种交换同市场上的商品交换所遵循的原则是一样的，即人们都希望在交往中得到的不少于所付出的。但如果得到的大于付出的，便会令人们心理失去平衡。

这给我们的启示是，要想在人际交往中让对方获得心理平衡，在向对方付出的同时，还要给对方一个回报的机会，否则，对方可能因为产生大的心理压力而疏远你。谁也不想欠下无法偿还的人情债，留有余地，彼此才能自由畅快地呼吸。

2.把某些付出分成若干部分

生活中，我们有这样的感触：一个男孩子主动追求一个女孩子，如果男孩一次性地把要送给女孩的礼物全部送完，女孩在一阵激动之后还会归于平静。如果在日后的交往中，男孩子没有表示的话，女孩会显得失望，但如果男孩把这些礼物分成几个部分，不间断地送给女孩，那么，女孩不仅可以经常收到惊喜，还会对男孩子更有好感。

同样，社交生活中也是这样，累积成若干次数的付出比一次性的"和盘托出"更奏效，更能巩固人际关系。

3.提升自己，让自己具备社交魅力

人际交往中，我们每个人都是一个单独的个体，都应该有自己的个性。所以，我们如果能提升自己，并发扬自己的个性，就能形成自己独特的交际风格和魅力，而且，我们的社交范围也会因此扩展，因为社交魅力是一种人际吸引力。

4.保持距离，互相尊重

"距离产生美"这句话我们并不陌生，它同样适用于社交活动，我们与人打交道，也不可太过亲密，保持一份神秘，会吸引他人主动与你交往，因为人们对于自己不了解的事物往往会表现出更多的兴趣。同时，多给对方一些空间与尊重，反而能赢得最后的胜利。

5.给人好处和帮助要注意姿态

人际交往中，我们会遇到一些类似"好好先生"的人，然而，人们并不太喜欢好好先生，甚至不会发自内心尊重好好先生。而对人过分好，会让受惠方有弱者的感觉。因此，我们在给人好处、对人付出，尤其是帮助他人的时候，要放平姿态，要让对方在一种双方平等的心态下接受我们的帮助，同时，对方也会感激我们的用心良苦。

总之，与人交往，不要过分对人好，要留有余地，要适当保持距离，这是感化别人的技巧。给得太多，反而吃力不讨好，因为对方心里已经没有预留空间了。

情感软暴力

主动给予安全感，让爱人感到你是可以停靠的港湾

生活中，我们经常会提到"安全感"一词，的确，在恋爱与婚姻中，我们的爱人要的就是安全感，只有得到安全感，我们的心才有停靠的港湾。事实上，那些在感情里缺乏安全感的人，会通过各种方式索取安全感，而情感软暴力就是其中一种。比如，一些女孩子害怕男朋友离开自己，于是不停地提出各种要求、让男朋友对自己言听计从，以此证明对方对自己的爱，但最终，已经压抑到极致的对方选择了分手。这样看来，要避免感情中的情感软暴力，我们可以主动给对方安全感。

那么，如何给对方安全感呢？

我们先来看这样的情话对白：

"你爱我吗？"

对方的回答一般是："爱。"

而接着，这个发问的人会继续追问："那爱我哪里？"

"哪里都爱。"

第6章
认识情感软暴力的危害:心理能量的流失让你逐步失去自我

这个回答似乎合情合理,但实际上,对方会有一种被敷衍的感觉。有些人会说,爱一个人是没有理由的,实则不然。爱一个人会留心观察对方的包括恋爱中的每一个细节,至于那些"爱我哪里"的问题,如果你回答:"我最爱你的一头秀发,当初在人群中,就是这一头秀发吸引了我。"或者:"我爱上的是你不一般的才气,一个女人,容颜易老,但这种由内而外散发的诗书气,是不会改变的。"相信这样的回答,定会使对方心里充满安全感。可见,爱表达得越真实、越细腻,就越能给对方信任,越能让对方有安全感。

丽丽与李江从小一起长大,可谓是青梅竹马,两小无猜。随着他们慢慢长大,心虽相知,但表面却似有了距离。原因是李江家穷,丽丽的父母不愿他们相好,怕女儿受苦。李江知情,自感愧怍,埋藏了心中的爱情之火,丽丽多次约李江,他都借故推托。李江心想,我们虽对对方有了爱慕之心,但并未相互挑明,为了不耽搁丽丽的前程,还是永远不挑明的好。当丽丽的父母要为她找对象时,丽丽决心无论如何都要跟李江认真谈一谈。这天,她终于堵住了李江,刚要挑明话题,李江就要离开。

丽丽知道李江的想法,便对李江说:"我看到一首诗,觉得很好,但又不完全理解,想叫你给我讲讲。"李江问她是什

情感软暴力

么诗,丽丽取笔写下:"上邪,我欲与君相知,长命无绝衰。山无棱,江水为竭,冬雷震震,夏雨雪,天地合,乃敢与君绝!"李江一看,沉默一阵说:"东风恶,欢情薄。"丽丽知道这是陆游的词句,是说家人是他们爱情的障碍,便说:"我读的诗,就是我的誓言,陆游与唐婉的故事不会重演。"李江默默地点头,他们在苦涩的泪水中拥抱。

丽丽在李江不敢正视现实,回避爱情之时,巧用古诗质疑,表露心迹,让李江知晓她对爱情的坚贞不二,给了对方安全感,最终,有情人终成眷属。

可能不少人又会感叹:我该怎么做才能让他(她)有安全感呢?对此,你可以尝试以下几个方法:

1.宣誓法

可能在恋爱的过程中,有些人会说自己不相信诺言,但如果我们的爱人不对自己许诺,我们则完全没有安全感。通常来说,在情感特点上,女子更含蓄些,表现出娇嗔、自尊,但又带有过于羞涩、执拗的弱点。男子则显得外露、炽热、感情奔放。所以一般来说,男孩为了获得女孩子的芳心和信任,都会选择在爱情渐入佳境时对女孩宣誓。但也有一些情感热烈的女孩,她们性格大方,也会向心上人作出爱情的承诺。

2.不要对爱人唱"我只在乎你"

的确,任何人都不能承担另外一个人的未来,即使这两个人再相爱。因此,我们在和爱人谈未来的时候,不要说"如果没有你,我会活不下去"或者"如果你离开我,我就去死"之类的话。即使谈婚论嫁,爱情也应该保持相应的温度和距离,双方才能如沐春风。

3.温暖的肢体接触

为何恋人们都喜欢牵手?因为这样亲密,让人感觉踏实。人其实都有身体的接触欲望,男人女人都一样。所以,不要吝惜拥抱和十指交缠。

4.适时地嘘寒问暖

每个人都需要他人尤其是爱人的关心,但是过分的关心只会让对方不胜其烦。对方苦恼的时候,你只要充当好垃圾桶的角色就可以了。有时爱人需要的,只是一个能够诉说的对象,说完了就释放出来了,并不一定要求结果。

5.让爱人的家人朋友都欣赏你

长辈们实在是厉害,阅人无数,如果能赢得爱人的家人、朋友的欣赏,那你就算是成功了一半。有赞赏你的人,在很多事情上你就会得到很多帮助。

6.搞清楚和异性朋友的界限

无论男女,都应该有自己的朋友圈子,但是和异性玩暧昧肯定是我们的爱人最痛恨的。如果你不好意思拒绝别的异性，那么，你的爱人迟早会毫不犹豫地拒绝你。因此，你可以让你的爱人知道你来往的朋友是谁，这样，大家可以在信任的基础上互相给对方空间。

总之，为了能够给爱人安全感，我们需要把握好分寸和方式方法，我们只有把话说得真实、情感真挚，才会打动对方，让对方领会我们的爱！

第 7 章
走出情感软暴力的困局,做自己人生的主人

几千年孔孟之道的浸染,形成了中国人含蓄、内敛、宽厚、谦卑的民族性格。然而,在竞争激烈的当代社会,要求人们面对机会能勇敢、大声地说"我行"。同样,越是胆小、勇气不足的人,越是自我价值感低下,越是容易成为他人情感软暴力的对象。而他们不敢拒绝,源于他们内心勇气的不足。因此,我们任何人要想走出情感软暴力的困局,就要克服恐惧,不能纠结和迟疑。

情感软暴力

如何摆脱情感软暴力

我们知道情感软暴力的方式和危害后,接下来就要学会怎么应对和摆脱。对于情感施暴者说的话,我们可以先冷处理,缓一缓冷静一下,分析情感绑架的轻重缓急。

对方到底想要什么?对方是怎么提出这种要求的?是含有爱意、语带威胁还是很不耐烦?如果不马上妥协,对方会有什么反应?理性地分析后,再做如下应对:

第一步,切断热键。

热键,就好比是我们内心的软肋,正是因为热键的存在,我们才总会感到恐惧、内疚。只要我们按下这些热键,情感软暴力的行为模式(要求、抗拒、压力、威胁、屈服、重复)就会自动启动。所以,切断热键,就有可能阻止情感软暴力的模式一再上演。

1.切断恐惧的热键

恐惧的反面是"自由地想象和创造真正属于自己的生活",所以,我们可以从以下几个方面来一一调整。

（1）应对反对：

你要清楚自己喜欢的和不喜欢，要明确自己的价值底线，且明确对方的价值观，这样，你就能划清两者间的界限，就能对自己不喜欢的大声说"不"。

（2）应对愤怒：

你可以选择一个心平气和的时间和对方摊牌，告诉对方你很讨厌他对你发脾气。如果对方再吼叫，你就离开他，或者直接告诉他，等他平静下来再沟通。

（3）应对改变：

比如，面对分手或离婚，你可以告诉自己："分手或者离婚又不是世界末日，离开他，我会遇到更好的。"当你觉得一个人难以应对改变可能带来的危机时，可以寻求心理热线、心理咨询、支持性团体或社群的帮助。

（4）应对抛弃：

我们在爱的关系中感到被抛弃的恐惧，其实是我们童年恐惧的成人版。我们会觉得，要是被抛弃了，我们就活不下去了。这时，你要清楚地告诉自己：这只是我的想象罢了，不会发生的。

2.切断责任的热键

随着不断成长，我们的内心会逐渐产生责任感，边界不清的责任感会让一个人疲惫不堪。这时，你可以尝试把别人对你的期望一条一条写下来，比如：

我可以放弃自己的梦想，只要父母高兴；

只要他们打电话给我提出要求，我就会立刻照做；

……

你可以这样切断热键：

写完之后，再以"这有什么道理……"开头，把这些句子重写一遍：

这有什么道理，即使让我放弃自己的梦想，也要满足他们的期待？

这有什么道理，只要他们打电话给我提出要求，我就会立刻照做？

……

反复地练习，让一套新的信念体系慢慢植入你的思想。其实，不只是情感软暴力，我们的很多观念是在无意识中被植入的。试想，如果观念能够被植入，那也可以被改写，以及重新植入！

3.切断内疚的热键

当你觉察到自己的内疚时，可以通过问自己以下问题，来分辨你的内疚是正常的还是错误的：

你做过的或想要做的是残酷的吗？

你做过的或想要做的是恶意的吗？

你做过的或想要做的涉及侮辱、贬低或者鄙视吗？

你做过的或想要做的具有虐待性吗？

你做过的或想要做的真的会损害别人的健康和快乐吗？

当你的回答几乎都是否定的，而你还是感觉到矛盾和不安，也就是你的内疚与你的行为很不相称，那么，你的内疚很可能就是错误的或者被夸大的。

第二步，冷静观察。

要想跳出情感软暴力的漩涡，我们就要成为整个事件的旁观者，思考一下对方可能的要求，用中肯的语言描述当对方提出具体要求后自己的感受，不要评判好坏。当施暴者要挟你时，采取拖延或者转移话题的方法观察情感施暴者的反应。暗示自己，我受得了对方给我的压力！这样，在接下来的制定策略中，你才能沉着应对。具体来说，你可以运用如下策略：

1.非防御性沟通

一般情况下，当我们受到指责、攻击时，会本能地反驳、抗辩，但这只会让局势如火上浇油般失控。非防御性沟通能够在很大程度上缓和情感施暴者的态度，你可以说："我能理解你的心情""你的想法值得深思""真的吗？""等你平静下来，我们再来聊聊""你绝对没错"……

你可以先自己一个人练习，一开始可能不习惯，不过熟能生巧。当你能熟练运用时，你就会体会到非防御性沟通的好处。

2.条件交换

当你希望对方改变行为时，你也要改变自己。

比如，一对夫妻刚结婚没多久，妻子就发现丈夫对自己没兴趣了，好像和婚前完全不是同一个人了，为此，她开始产生离婚的想法。好在后来，他们通过了非防御性沟通。丈夫说，妻子结婚后整个人也变了，没有婚前那么爱打扮，整天不洗脸、不洗澡，邋遢极了，还贪吃，比之前胖了十几斤，这让他对妻子提不起兴趣。

后来，两人在沟通时进行了条件交换，丈夫回来要主动和妻子说话沟通，妻子也开始注意穿衣打扮，开始减肥。两人的关系很快就和好如初。

又如，父母担心女儿学习受到影响，就和女儿说："如果再和男同学接触交往，就不让你参加学校的文艺活动。"

女儿想参加文艺活动，又不想放弃和男同学平时的交流，就用自己的学习成绩和父母作交换，承诺考试一定都达到90分以上。父母觉得女儿能保证不影响到学习，就答应了。这就很好地处理了亲子间的关系。

3.幽默

幽默是沟通中的润滑剂,使用幽默来和情感施暴者沟通,不但可以缓和压抑紧张的气氛,有时也会起到意想不到的作用。比如情侣因小事争执后,一方以冷战方式向对方施压,以此掌握主动权使对方屈服。另一方可以幽默地说:"听说不生我气的人都是最漂亮的。"以此打破僵局。

"爱,除了自身,别无所予;除了自身,别无所求。爱不占有,也不被占有。爱,有了自己就够了。"纪伯伦的这几句诗描绘了什么才是真正的爱,爱,是两颗心彼此之间的温暖,不是以爱为名的伤害。希望所有正在遭受情感软暴力的个体都能走出迷雾,过上自尊、自立、充满爱的生活。

以上就是应对情感软暴力的方法。情感施暴者经常利用我们的责任心、恐惧心理和内疚感,来绑架要挟我们。

事实上,越是跟我们亲近的人,越是和我们存在着相互依存的关系,越是了解我们,越是可能对我们进行情感软暴力,让我们就范。而我们知道情感绑架特点和有效的化解方式后,既能在以后的生活中和亲密、熟悉的人和睦相处,也能拥有独立的思想和自由的生活方式。

情感软暴力

两条路径帮助你走出情感软暴力的困局

即使发现自己已身陷情感软暴力中,也并不意味着我们无计可施,只能忍受。事实上,可以通过一些简单的训练学会摆脱情感软暴力的方法。

具体来说,有以下两条改变路径:

一是行为路径,通过训练学习一些不同的反应模式和沟通技巧,比如,非防御性沟通,与施暴者形成一种健康的关系,这点我们在前面已经分析过。

二是情绪路径,这条路径会花费更多时间来改变我们的内心世界,比如,切断旧的热键、弥补创伤,改变错误的信仰体系等。

第一,停止情感软暴力游戏的关键在受害者一方。

只有受害者主动叫停,情感软暴力才会被终止。所以对受害者来说,第一步就是放下对施暴者的期待。

"假如有一点点改变,事情就不是这个样子的",这样想是无助于关系变化的。一个人只有在体会到痛苦时才会主动改变,对于施暴者而言,只有当他发现自己已经完全控制不了对方，他才会恐慌，才会尝试改变相处模式。

在满足对方之余，你可以先问一下：为什么他/她如此想要控制我？

比如，对方表示一定要看你手机，你可以问他："不给你看我的手机，是不是让你联想到了什么？让你有什么样的感觉？"

同时，你也可以提出自己的感受和需求，比如，告诉对方："你总想看我手机，我会觉得不受信任，而且没有任何隐私。我可以给你看这最后一次，以后请不要再这么做了。"

第二，受害者要明白，是你创造了别人施暴你的情境，是你允许了别人软暴力你。在这样的环境中，你一定是想追求某种好处。

最常见的是想获得对方的认可。受害者不知道自己是谁，将价值感建立在别人的认可上，恐惧活出自己。因此，你要看清你想从这个情境中获得什么。

第三，接受现状，承认自己对这个关系感到绝望。比如，亲子关系，父母就是不认可我，那就接受这个事实。

第四，走出关系模式、开拓你的世界。和你产生互动的不仅仅是施暴者，从这个单一的关系模式中走出去，你会发现很多人自动地与你建立正常的关系。

第五，问问自己何时体验过真正的悲哀。这个环节能帮你重建信心，为此，你可以回忆一下曾经成长的细节，告诉自己，什么样的感觉才是你最想要的。当你感受到了被爱，便能对一些虚假的、劣质的关系大胆地说"再见"。

第六，也是最重要的一点，你需要加强自己的边界意识，也就是真正意识到，每个人只能为自己负责。

你不需要当对方的父母，为对方的情绪、为对方的需求而让渡自己的利益。

如果你坚持自己的选择让对方不开心了，那就让他不开心。

让他开心不是你的责任，你的责任是让自己开心。

同样，对方如果身体不舒服，也应该首先照顾好自己，而不是强迫你来照顾他。

你不能事无巨细地考虑到对方，这不是你的错。

总而言之，没有受害者的屡次妥协，情感施暴者是无法得逞的。

对待施暴者最重要的态度就是"不含敌意的坚决"，向对方传递"我有我的立场，我很坚定，我不会顺从你，但我并不会和你作对"的信息。学会拥有自己的界限，要让对方知道"我是我，你是你"，这是斗争的法宝。因此，我们要经常对施暴者说"这是我的事，这是你的事"，从小事做起，设立界限。或许刚开始这样做很艰难，双方会发生剧烈争执，你可能会大发脾气，但这是改变关系的必经阶段。永远记住，不要追求完美，真实是最重要的。

情感软暴力听起来、看起来都和我们有关，而其实和我们根本无关。相反，它源于施暴者内心的不安，以及施暴者尽力控制这种不安所做的努力……

为此，如果能做到，你可以试着理解一下情感施暴者。绝大多数情感施暴者根本意识不到自己在软暴力别人，也意识不到自己对别人的伤害。他们只是从来没学过别的沟通方式，只会用这种稍显暴力的手段。比如，他们不会袒露自己的不安全感，也不好意思说自己害怕不被爱，害怕被抛弃。同时他们的内心是极其脆弱的，才至于一点就着，一点儿小事就炸毛。

很多时候，情感软暴力是与过去联系在一起而不是和现在，它和满足施暴者的需要相关，而不是与我们做或没有做什么有关。

我们每个人都有欲望，有想要的东西。要想满足自己的需求，我们可以凭借努力去获取，也可以对亲密的人提出请求，这没有问题。但前提是，当对方说不的时候，那就是不。只有把彼此珍惜作为原则，尊重对方说不的权利，通过理智的沟通去解决矛盾，才能健康稳固地维系亲密关系。

正确地分辨和认识情感软暴力，既能保护自己，也能避免伤害到我们所关心的人，从而建立起健康稳固的亲密关系。

情感软暴力

你不好意思拒绝，容易被人当成"软柿子"

众所周知，无论是商业合作还是职场工作，都需要与人分享，与人合作，为人慷慨大方，才能获得大家的支持。然而，任何事情都需要讲究一个"度"字。我们发现，有这样一些人，他们是大家眼中的老好人，总是充当着照顾别人的角色，因为他们不敢拒绝别人，但最终，他们却伤害了自己。

要知道，无论处于什么样的位置，扮演什么样的角色，每个人都有自己的职责和义务，你来者不拒、对于他人的求助都大包大揽，那么最终，你只能令自己事事处于被动，有可能你永远会成为别人支配的对象，永远只会听到这样的话语"某某，给我拿份文件""某某，给我倒杯茶"等。即便你内心满腹的不情愿，但只要你不懂得拒绝，那就只能咬牙坚持下去，直到把所有的事情都做完。当你还没来得及松口气的时候，下一个让你难以拒绝的请求就又出现了。长此以往，你的整个工作和生活都会处于一种被动的状态，你只能等待着被要求去做什么，而难以自己决定想做什么。不懂拒绝的人，虽然给人的外在形象是一个"老好人"，但久而久之，你会被大家当成

"软柿子",大家会习惯你的帮助,习惯什么事都找你。那么,此时的你该怎么办呢?

在一家大型的广告公司里,有一个勤快的姑娘,大家都叫她小王。小王头脑聪明,热情助人,刚进入公司的时候,她就下定决心要从最基层做起,要成为所有人的好朋友。所以,公司里的事情,属于自己分内的,她会努力做好,不属于自己分内的,只要有人喊自己帮忙,她也会努力做好,慢慢地,她在同事之间赢得了一个"热心肠"的绰号。

小王感到十分满意,但是过了一段时间以后,她才发现:有些事情,同事原本是可以自己做的,但他们总是让自己去帮忙,有些人的态度很随意,似乎吩咐小王是一件理所当然的事情。而且帮忙之后,最后连"谢谢"都懒得说,似乎让小王帮忙是给了她很大的面子,甚至有的人还将自己手头的工作交给小王去做,而自己竟然去做私活。

小王虽然心里不高兴,但又不好意思拒绝,更关键的是不懂得拒绝,结果被那些事情弄得乱七八糟,整天忙得脚不沾地,工作非常被动,而且自己的工作还经常出现小错误。小王感到很烦恼:自己热心帮助同事有错吗?为什么会让自己变得这样被动呢?

案例中，小王热心帮助同事并没有错，错在她来者不拒，不懂拒绝。工作中，当朋友遇到了不能解决的问题，你出手帮助是应该的，但帮助同事也应该有个度，你首先需要保证自己的工作已经做好。如果自己的工作都还是一团糟，那你有什么能力去帮助别人呢？即便自己的工作已经做得很好了，面对他人提出的要求，自己也应该权衡一下，是否该帮忙，对于应该帮忙的，需要马上动手；而不应该帮忙的，则要懂得拒绝，这样才不至于走到像小王这样被动的地步。

诚然，我们都希望能和周围的人搞好关系，当他人需要我们帮助时，我们绝不能袖手旁观，但这并不意味着对于他人的任何要求，我们都要答应，因为你来者不拒，你就会被大家当成"软柿子"，被大家任意摆布。

然而，可能你是一个生来不会拒绝他人的人，你会认为，拒绝他人是不友好的表现，认为拒绝他人很没面子。的确，说"不"很困难，但是这个"不"字却很重要。不会拒绝他人的人，似乎总活在别人的世界里，这样的人是难以有所成就的，甚至有可能会掉进别人精心设计的陷阱里。比如，贪官在落马之后总会说自己收钱不是受贿，而是"我这个人脸皮薄，人家一再坚持给，我就不好意思推辞"，也许他是在为自己的贪欲找借口，也有可能是真的不懂得拒绝，但结果是被动之下成了罪人。

从这一点看，有些情况下，我们必须懂得拒绝。具体来说，这种情况有：

当对方的要求违背了我们做人的原则，甚至违反了道德和法律时；当同事的要求和自己的意愿或者计划相冲突时；当自己能力不及时。当然，我们需要拒绝的情况还有很多，但无论如何，即使想与他人搞好关系，也要慎重作承诺，绝不可来者不拒。

总的来说，我们每个人的能力和精力都是有限的，而别人的要求却是无止境的，有的是合理的要求，有的却是悖理的要求。如果你不好意思说"不"，轻易承诺了自己无法兑现的诺言，势必给自己带来更大的困扰，同时也会让自己处于被动的境地。

所有的改变，来自"拒绝"二字

在我们生活和工作的周围，总有这样一些人，他们嘴里好像从来不说"不"，总是"好""是的"；面对他人的提问，只点头不摇头。也许有人会问：难道他们就没有自己的想法和立场吗？当然不是，他们之所以唯唯诺诺，是源于内心的不自信，以及缺乏表露想法的勇气。这样的人更不擅长拒绝，所以原本属于自己的世界被他人入侵了。

周末，好友芳芳热情地找上门来，对扬扬说："放假了，好不容易有点儿休息时间，走，我们一起出去玩玩吧！"扬扬面露为难的神色，芳芳又接着说："听说江边那家书店到了好多新书，咱们去一睹为快。"说完，拉着扬扬就要走。可是，扬扬还有不少事情没有做，而且妈妈出差在外，爸爸早上出门时，告诉她抄表员要来查水表，让她在家别离开。这让扬扬觉得很为难，一时之间，拒绝的话难以说出口。

面对芳芳的热情邀请，扬扬不答应怕拂了好友的面子，但她又实在不能出去玩，于是，她才陷入了两难的境地。

在日常生活中，我们不能老是说"是"，还需要善于说出"不"。有的人害怕说"不"，结果不仅使自己陷入尴尬，还使对方有所误会，甚至使彼此之间关系出现裂痕。有人抱怨"那些拒绝的话怎么说得出口"，其实，拒绝不一定会造成伤害，我们之所以不敢拒绝，是因为存在着一定的心理障碍。

拒绝的话说不出口，最关键的原因在于自己的心理障碍。那么，如何消除自己的心理障碍？

1.拒绝是一种自卫

有时候，别人提出的可能是一些不合理、不合适的要求或者自己根本不愿意去做的事情，这时候，拒绝其实是一种自我保护。比如，自己的胃比较娇惯，吃不惯辛辣的食物，面对来自重庆同事的邀请，你可以委婉拒绝"那我吃饱了再去餐厅找你们，我吃不惯火锅"。

2.拒绝是一种智慧

或许你明明知道那位朋友是借钱不还的那种人，但面对他的要求，你还是不好意思拒绝，那最后吃亏的只能是你自己。所以，面对他提出的借钱要求，大可以拒绝"我的工资都是妈妈帮忙管理的，我每天就拿点儿吃饭的钱，实在不好意思呀"。

一位语文老教师深受学生爱戴，因为教龄长，也算是桃李满天下，其学生遍布各个行业，办起事来总是很顺心。

有一次，其弟因与人产生纠纷，被人告上了法庭，而这起案件刚好由这位老师曾经的一位得意门生接手。这位老师想着去找一下这位学生，希望他能在处理时多给点儿人情。

然而，这位法官素来公正严明，但无奈，他的恩师有求于自己，所以他一时之间有点儿左右为难。但很快，他想到了应对之策。

法官说："老师，从小学到大学毕业，您是我最钦佩的一位语文老师。"

老师谦虚地说："哪里哪里，每个老师都有他的长处。"

法官接着说："您上课抑扬顿挫，声情并茂。尤其是上《葫芦僧乱判葫芦案》那一课，至今记忆犹新。"

语文老师很快就进入了角色："我不仅用嘴在讲，更用心在讲。薛蟠犯了人命案却逍遥法外，反映了封建官僚官官相护、狼狈为奸的黑暗现实。"

"是呀，'护官符'使冯家告了一年的状，竟无人做主，凶犯薛蟠居然逍遥法外……贾雨村徇情枉法，胡乱判案。"法官感叹地说，"记得当年老师您讲授完这一课后，告诫学生们，以后谁做了法官，不要做'糊涂官'，判'糊涂案'，学生一直把您这句话作为自己的座右铭呢。"

这位语文老师本来已设计好了一大套说辞,但听了学生的一席话,再也不好意思开口了,主动放弃了不合理的请求。

这位法官的拒绝方法可以说是绝妙之极,首先,他用"老师,从小学到大学毕业,您是我最钦佩的一位语文老师"这样一句恭维话,填平老师的自负,然后妙用老师曾经的话来堵住了老师想求他办事的口,拒人于无形之中。

3.拒绝是一种勇敢

可能很多时候你习惯说"是",于是,身边的人都认为你是个很好说话的人,经常会忽略掉你的意见。那么,不妨大声说出"不",勇敢地表达出自己的意见,定会为你的形象加分不少。

情感软暴力

好人缘,不一定要做"好好先生"

生活中,我们发现有这样一些人,他们凡事迁就别人,对于别人的要求是有求必应,我们称其为"好好先生"。可"好好先生"是否真的那么好呢?其实不然,他们情愿自己不方便,也不想麻烦别人;自己牺牲,叫别人有所得;自己让步,叫别人保住面子;他的面子全靠别人的"同意"和"称赞"来支撑。而实际上,你来者不拒的行为不但不能为你迎来好人缘,为你争回面子,还会成为别人"欺负"你的筹码。

小王大学一毕业就进入现在的公司就职。由于是新人,小王时刻提醒自己:虚心学习,低调做人。为了尽快与同事"打成一片",搞好人际关系,小王对于同事提出的请求几乎没有拒绝过,有时还主动为别人分担工作。

但小王没想到的是,她无意间的一次拒绝,竟然让她的努力功亏一篑。有天,一位女同事因为相亲,希望小王能替她代班。不巧,小王那天也有事就拒绝了她。本以为此事就此作罢,不承想,在后来的工作中,这个同事明显开始冷落她,孤立她，甚至背后议论她，说她"领导的要求就有求必应，同事的请求就摇头拒绝"。小王很委屈，也很气愤。

与人友好相处没错，但决不可做老好人。老好人做多了，到最后最容易被淘汰。只有一个有主见、有思想的人，才能取得最终的成功。

不得不承认的是，我们都是生活在一定的社会和集体中的，都会有求于人，因此，在时间充裕、能力足够的情况下，我们还是应对他人伸出援助之手。但如果有些人提出的请求是过分的，或者是超出我们时间预算和能力之外的，那么，我们就要懂得拒绝。我们不难发现，生活中有一些人，他们毫无心眼儿，对别人总是有求必应，久而久之，别人就把他们当成了可以随便吩咐的"软柿子"。

不知你是否曾经有这样的体验，你似乎总是不愿意拒绝那些对你示弱的人的请求，因为他们让你感到弱小，从而激发起自己内心的同情和保护的欲望，而如果你拒绝，就好像失了面子，这也是人们的普遍心理。而事后，你又发现，你似乎变得越来越忙了，到最后，你真正想做的事却并没有做好，甚至还因为偶尔一次的拒绝而得罪人。

因此，善于拒绝，是我们任何人都要学会的一种自我保护的方式。

村里有一个人向老唐借一间房子给他放玉米。本来，房子给别人去放玉米，很快就会把房子搞坏。但是，老唐为了不使这个人扫兴，便含蓄地对他说："我这间房子的地板已经坏了，玉米放在上面，会发霉变质的。所以，等我把地板弄好了再说吧。"就这样，老唐委婉地把这件事给拒绝了。

善于拒绝，是日常交际的一种生存技巧。不拒绝，不仅会耽误自己的时间与精力，而且会影响自己的生活和工作，更会直接损害自己的身体健康，使自己长时间处于一个痛苦的心理。而懂得拒绝，首先，你可以获得一个身心放松的机会。其次，你可以把更多的时间和精力放在自己专注的事情上，以获取生活与事业的成功。

为此，要懂得拒绝，我们就要做到以下几点：

1.明确及时地讲出你的理由

拒绝他人的帮助并不是什么见不得人的事情，实在无法答应别人的要求的时候，一定要用比较明确的语气来告诉他："实在对不起，在这件事情上我实在是帮不了您的忙，您还是想一下别的办法吧。"一般来说，当别人了解到你的困难之后，就不会再做乞求之类的无用功。这样，不仅能为对方寻找其他的方法提供了时间，也不会给自己带来烦恼。

如果拒绝对方的时候含糊其辞，对方就无法明白你的真实意思，还会对你抱有希望，把你当成救命的稻草，从而在以后的事件里继续向你求助，搞得你左右为难。这样既耽误了别人的时间，同时也给自己带来了麻烦。

2.委婉地讲出理由，明确地表示拒绝

我们及时明确地讲出理由，拒绝对方，并不是说要用比较严肃呆板的话来对待别人，如果用一些颇具杀伤力的语言来拒绝对方，就会激怒别人。一般情况下，一个人在求助的时候，他的心里总是很敏感的，能够从比较委婉的话里听出拒绝的意思，而且在被拒绝后，他会很识趣地离开，不再去打扰你。另外，我们在委婉地提出个人的理由时，一定要注意，委婉并不是模糊，千万不能给对方留下一丝希望。只有这样，才不会给双方带来伤害。

3.态度一定要真诚

在拒绝别人求助的时候，一定要注意态度的真诚。当你向对方陈述个人理由的时候，失去了真诚的态度，就会让对方觉得你对他是不屑一顾的，所有的理由不过是借口罢了。只有坦诚相告，对方才会将心比心，才会设身处地地去考虑你的为难之处。

不要总是渴求得到他人的认可和赞许

生活中，我们发现，有些人活着就是为了得到别人的赞赏，他们太在乎自己的容貌，在乎自己的面子，每天为了穿什么衣服，是否说错了某句话而思考良久，甚至忧心忡忡，这样的人活得很累。对此，心理学家给出的解释是，这些人之所以渴望得到赞赏，是虚荣心作祟，而自欺欺人就成了他们最好的慰藉。为了别人看似的美丽而活，你已经失去自己的本色。

俗话说："金无足赤，人无完人。"人生确实有很多不完美之处，完美只存在于理想之中。生活中的遗憾总会与你的追求相伴，这才是真实的人生。人不应过分地奢求不属于自己的东西，不要让追求完美成为生活中的苦恼。

要摒弃虚荣的完美主义，需要我们摆正自己的位置，那么，如何才能摆正自己的位置呢？

1.实事求是地看待自己

毋庸置疑，准确到位的自我认知和客观公正的自我评价，是摆正位置的先决条件。尤其是在做难而正确的事情时，我们就更要果断选择，决绝放弃，如此才能争取宝贵的时间占据先机，从而以优势获取成功。虽说摆正位置很容易，但是真正做起来却很难。

2.确立自己的人生目标

摆正自己的位置，你就需要有一个稳定的坐标系，这个坐标系的建立以你的人生目标为基础。为此，我们必须时刻牢记，我们首先应该认清楚自己的内心，知道自己想要达到怎样的人生目标，然后才能认准目标，勇往直前。否则，当我们把宝贵的时间浪费在毫无意义的事情上，就会使生命白白溜走，也不可能拥有充实丰盈的人生。

过分的请求，要果断拒绝

生活中，我们经常会遇到一些进退两难的境地：你的朋友在派对中给你一杯酒并游说你去尝试，而你对酒十分反感，你是拒绝还是接受？当你的朋友邀请你和他一起去唱卡拉OK，但你认为那种场所人员复杂，且你一向歌喉平平，你是接受还是拒绝？你的同事向你借钱，他承诺会尽快还，但你知道，他从来都是有借无还，你是接受还是拒绝……

我们心底的声音告诉我们：拒绝，但碍于情面，我们不知如何拒绝。习惯于中庸之道的中国人，在拒绝别人时很容易发生一些心理障碍，这是传统观念的影响，同时，也与当今社会某些从众心理有关。不敢和不善于拒绝别人的人，往往戴着"假面具"生活，活得很累，而又丢失了自我，事后常常后悔不迭，但又因为难以摆脱这种"无力拒绝症"而自责、自卑。

实际上，有些人在选择拒绝时，也并未取得良好的效果。那么，怎样拒绝才不使人难堪，让人有台阶可下呢？这是有一定技巧的。此时，你应该尽可能地以最为友好热情的方式表示拒绝，让对方明白你是同情他的，而且要做到对事不对人，并要注意既表达了意思又不失委婉。

张敏在民航售票处担任售票员工作。每年，一到春运期间，前来订票的人就格外多，但作为售票员的她必须遵循公司的各项规定。于是，每每拒绝订票的顾客，她总是怀着非常同情的心情对旅客说："我知道你们非常需要坐飞机，从感情上说，我也十分愿意为你们效劳，使你们如愿以偿，但票已订完了，实在无能为力，欢迎你们下次再来乘坐我们的飞机。"张敏的一番话，叫旅客们再也提不出意见来了。

张敏的做法就是正确的，她巧妙、委婉地拒绝了旅客们的请求，为自己免除了很多不必要的麻烦。

我们再来看一则真实的故事：

陈鹏是一名部门主管，当初公司把他调到这个部门的时候，他就不大乐意，因为他早有耳闻，这个部门的前任主管在管理团队的时候，喜欢事必躬亲，什么都为手下安排得妥妥当当，喜欢当老好人，部门大事小事总是一把抓，而导致了此部门员工没有得到很好的工作历练，因此，他们在公司所有部门员工中是能力最低的。但既然公司已经下达了指令，陈鹏只好硬着头皮上了，他也有志于改善部门状况。

情感软暴力

刚开始报到的第一天，秘书小林就对陈鹏说："主管，我之前没有做过这类报表，你帮我做一下吧。"

听到这话，陈鹏觉得很诧异，做报表在公司一直都是秘书的本职工作，小林的请求实在是太过分了，他很生气，但一想到，要是第一天就这么严厉地对待员工的请求，势必会让自己在下属中留下不好的印象，因此，想了想之后，他对小林说："不好意思呀，我今天刚来，事情太多了，等忙完这周，你再把数据表拿来。"

一听到陈鹏这么说，小林心想，这份报表周五前必须交到公司财务部，哪里还等得到下周？于是，她只好自己去处理了。

这招果然奏效，后来，陈鹏用同样的方法摆平了很多下属的请求。

案例中的主管陈鹏可谓是一片苦心，为了让下属尽快成长起来，他觉得让下属自己动手更有积极的意义，于是，面对秘书的工作求助，他采取了拖延的策略加以拒绝。这种心理策略很简单，对于你不想答应的请求，你完全用不着下决定，用不着点头或者摇头，而只是让来请求你的人迟些再来。

以上两种拒绝方法都值得我们在生活中加以灵活运用。那么，从总体上来说，我们应该怎样说好这个"不"呢？

1.不要随便地拒绝

随随便便拒绝，会让对方觉得你并不是爱莫能助，而是根本不重视他，容易造成彼此间的误解。

2.不要当即拒绝

当对方提出要求后立即拒绝，会让对方觉得你冷酷无情，会对你产生成见。

3.不要傲慢地拒绝

试想，当别人有求于你的时候，你却一副盛气凌人、态度傲慢不恭的架势，对方会作何感想？

4.不要说话毫无余地地拒绝

也就是说，在拒绝的时候不要表情冷漠，语气严峻，毫无通融的余地，这会令人很难堪，甚至反目成仇。

5.不要轻易地拒绝

有时候，轻易地拒绝别人，会让你失去许多帮助别人、获得友谊的机会。

6.不要盛怒下拒绝

盛怒之下拒绝别人，容易在语言上伤害别人，让人觉得你一点同情心都没有。

7.要有笑容地拒绝

拒绝的时候，要面带微笑，态度要庄重，让别人感受到你对他的尊重、礼貌，就算被你拒绝了，也能欣然接受。

8.要婉转地拒绝

真正有不得已的苦衷时，如能委婉地说明，以婉转的态度拒绝，别人还是会感动于你的诚恳。

9.要有代替的拒绝

"你要求的这一点我帮不上忙，但我可以用另外一个方法来帮助你。"这样一来，他还是会很感谢你的。

10.要有帮助的拒绝

也就是说，你虽然拒绝了，但在其他方面给了他一些帮助，这是一种慈悲而有智能的拒绝。

正所谓"路遥知马力，日久见人心。"倘若双方互相尊重，那委婉地拒绝，反而能促进思想的沟通，加深彼此间的理解，让彼此拥有坚固的人缘关系。

参考文献

[1] 福沃德，弗雷泽. 情感勒索[M]. 杜玉蓉，译. 成都：四川人民出版社，2018.

[2] 李娟娟. 拒绝情感勒索[M]. 北京：西苑出版社，2020.

[3] 以撒. 情感勒索[M]. 南京：江苏人民出版社，2018.

[4] 西蒙. 当爱变成了情感操纵[M]. 李婷婷，译.北京：中国友谊出版公司，2019.